Wechselkurstheorie und -politik

Eine Einführung

Von

Dr. Rasul Shams

Privat-Dozent

R. Oldenbourg Verlag München Wien

CIP-Kurztitelaufnahme der Deutschen Bibliothek

Shams, Rasul:
Wechselkurstheorie und -politik : e. Einf. /
von Rasul Shams. – München ; Wien : Oldenbourg,
1985.
ISBN 3-486-29961-1

Gesamtherstellung: R. Oldenbourg Graphische Betriebe GmbH, München

ISBN 3-486-29961-1

Inhaltsverzeichnis

Vorwort

Seit Einführung flexibler Wechselkurse im Jahre 1973 hat die Wechselkurstheorie unter dem Eindruck der laufenden währungspolitischen Ereignisse bedeutende Entwicklungen erfahren. Einen wichtigen Schritt stellte hierbei die bestandsanalytische Betrachtungsweise im Rahmen des Finanzmarktansatzes dar. Es sind darüber hinaus neue Begriffe und Konzepte eingeführt worden, ohne deren Kenntnis die wechselkurstheoretische und -politische Diskussion kaum adäquat verfolgt werden kann. Vor dem Hintergrund neuer theoretischer Ansätze und empirischer Erfahrungen unterlag auch die Wechselkurspolitik wichtigen Veränderungen.

Das vorliegende Buch soll eine Übersicht über diese Neuentwicklungen vermitteln. Es ist vor allem für Studenten der Volkswirtschaftslehre gedacht, aber auch für Interessierte aus Wirtschaft und Verwaltung geeignet, die sich einen Überblick über dieses Gebiet verschaffen wollen.

Für die Durchsicht des Manuskripts möchte ich mich herzlich bei Herrn Prof. Dr. Axel Sell bedanken. Für vorhandene Fehler bin ich selbstverständlich persönlich verantwortlich.

I. Begriffliche Grundlagen

1. Wechselkurs: Preis- und Mengennotierung

Auf den Devisenmärkten werden nationale Währungen gegeneinander getauscht. Preise, die auf diesen Märkten zustande kommen, lassen sich auf zweierlei Art und Weise registrieren. Auf dem Devisenmarkt in der Bundesrepublik z. B. kann der Preis für eine Einheit der ausländischen Währung in der Inlandswährung, d.h. also in DM notiert werden. Der Wechselkurs gibt dann den Preis der ausländischen Währung in Einheiten der Inlandswährung an, z. B. 2,70 DM je US $. Man spricht in diesem Fall von einer Preisnotierung für Auslandswährungen. Umgekehrt, d.h. wenn der Preis einer Einheit der Inlandswährung in ausländischer Währung notiert wird, spricht man von einer Mengennotierung für Auslandswährungen. Der Wechselkurs der DM gegenüber dem Dollar würde dann z. B. unter der Zugrundelegung der obigen Angabe 0,31 $ je DM betragen.
Zwischen dem Wechselkurs in der Preisnotierung w und dem Wechselkurs in der Mengennotierung e einer Währung gegenüber einer anderen Währung besteht demnach die Beziehung:

$$w \times e = 1$$

Welche Notierung jeweils vorliegt, hängt selbstverständlich vom Standort des betreffenden Wirtschaftssubjekts ab. Für einen Deutschen ist der Ausdruck X DM je US $ eine Preisnotierung, während er für einen Amerikaner eine Mengennotierung darstellt.

2. Numeraire-Wechselkurs und effektiver Wechselkurs

Devisen- und Wechselkurse drücken die Austauschrate einer Währung gegenüber jeweils einer einzigen anderen Währung aus. In diesem Fall spricht man von einem Numeraire-Wechselkurs, da eine Währung - in der Regel eine Leitwährung - als Numeraire dient, um den Wert einer anderen Währung auszudrücken. Wenn für die einzelnen Währungen bestimmte Kurse gegenüber einer Leitwährung - sogenannte Paritätskurse - festgelegt sind, hat der Numeraire-Wechselkurs eine eindeutige und operationale Bedeutung. Er gibt zu jedem Zeitpunkt die Austauschrelation dieser Währung zu allen anderen Währungen an. Änderungen dieser Austauschrelation können anhand der Änderungen des Numeraire-Wechselkurses abgelesen werden.

Stark eingeschränkt wird der Aussagewert des Numeraire-Wechselkurses, wenn für die einzelnen Währungen keine Paritätskurse existieren, wie dies z. B. seit Beginn der 70er Jahre für die wichtigsten Währungen der Fall ist. Wenn z. B. der Wechselkurs der DM gegenüber verschiedenen Währungen sich sehr unterschiedlich entwickelt, gibt der Numeraire-Wechselkurs die Relation der DM jeweils nur gegenüber einer bestimmten anderen Währung an. Er kann die Änderung der Totalität des Verhältnisses der DM gegenüber allen anderen Währungen nicht erfassen. Zu diesem Zweck ist ein Index erforderlich, der im gewissen Sinne die durchschnittliche Änderung des DM-Wechselkurses gegenüber allen anderen Währungen zum Ausdruck bringt. Ein solcher Index wird effektiver Wechselkurs genannt. Bei der Berechnung des effektiven Wechselkurses werden die Wechselkurse der Inlandswährung gegenüber ausländischen Währungen gemäß der ökonomischen Bedeutung, die die jeweiligen Länder für das Inland besitzen, gewichtet. Formelmäßig kann der effektive Wechselkurs EW_i des Landes i bei einem gegebenen Gewichtsschema g folgendermaßen ausgedrückt werden:

$$EW_i = \sum_j g_j \frac{e_{ij}^t}{e_{ij}^o}$$

Wobei e_{ij}^t bzw. e_{ij}^o den Wechselkurs der heimischen Währung (Land i) in der Mengennotierung gegenüber der Währung des Landes j im Zeitpunkt t bzw. o bezeichnet. Der effektive Wechselkurs ist also eine Indexziffer, die den gewichteten Durchschnitt der Wechselkurse einer Währung gegenüber allen anderen Währungen im Vergleich zu einer Basisperiode zum Ausdruck bringt.

Berechnete Indizes effektiver Wechselkurse können sich in vieler Hinsicht voneinander unterscheiden. Die wichtigsten Differenzierungsmerkmale sind:

(a) Die Basisperiode des Indexes
(b) Die Anzahl der in den Index aufgenommenen Länder
(c) Die Art der Durchschnittsbildung
(d) Die verwendeten Gewichte

Die Wahl der Basisperiode erfolgt in der Regel so, daß die herrschenden Wechselkurse an dem betreffenden Datum ein allgemeines Interesse beanspruchen können (z.B. März 1973 als Beginn der Floatingperiode). Ein objektives Kriterium für die Wahl der Basisperiode existiert nicht. Die Wahl der Basisperiode bleibt allerdings ohne besondere Konsequenzen, solange man der Basisperiode keine normative Bedeutung beimißt. So würde z. B. die Wahl einer Basisperiode dann grundsätzliche Probleme aufwerfen, wenn damit die Vorstellung von einem System von Gleichgewichtskursen verbunden worden wäre. Dann wäre nämlich notwendig, sich nicht nur über die Definition von Gleichgewichtskursen, sondern auch über eine Periode zu einigen, in der diese als vorherrschend betrachtet werden könnten.

Bei der Berechnung von effektiven Wechselkursen für die Industrieländer müssen die Währungen der wichtigsten anderen Industrieländer berücksichtigt werden. Die Aufnahme von Währungen kleinerer, welthandelspolitisch unbedeutender Industrieländer beeinflußt das Ergebnis kaum und kann daher unterbleiben. Auch die Währungen der Entwicklungsänder bleiben in der Regel unberücksichtigt. Die Einbeziehung von sich chronisch abwertenden Währungen mancher Entwicklungsländer könnte die Indizes stark aufblähen. Mit der wachsenden Bedeutung von sog. Schwellenländern stellt sich jedoch zunehmend die Frage nach der Einbeziehung der Währungen dieser Länder in die Indexberechnung. Probleme für die Aussagekraft des effektiven Wechselkurses liegen in überbewerteten Währungen, deren Kurs durch starke Direktkontrollen manipuliert wird.

Bei der Durchschnittsbildung besteht die Wahl zwischen der arithmetischen und der geometrischen Berechnungsweise. Die geometrische Durchschnittsbildung ist nicht jedem Benutzer von Indizes effektiver Wechselkurse geläufig, sie besitzt jedoch mathematische Eigenschaften, die bei der Berechnung von solchen Indizes sehr wünschenswert sind. Die drei in diesem Zusammenhang wichtigsten Eigenschaften sollen hier ohne weitere Beweisführung aufgeführt werden:

(a) Ein geometrischer effektiver Wechselkurs ist unabhängig davon, ob Devisenkurse oder Wechselkurse für die Berechnung benutzt werden.

(b) Ein geometrischer Index behandelt abwertende und aufwertende Währungen vollkommen symmetrisch, während ein arithmetischer Index bei Mengennotierung die abwertenden Währungen und bei Preisnotierung die aufwertenden Währungen höher gewichtet.

(c) Bei einem gegebenen Gewichtungsschema sind die prozentualen Änderungen der effektiven Wechselkurse bei geometrischer Durchschnittsbildung unabhängig von der Basisperiode, während sie bei arithmetischer Durchschnittsbildung sich mit der Wahl der Basisperiode ändern und daher nicht eindeutig determiniert sind.

Aus den eben genannten mathematischen Eigenschaften geometrischer Durchschnittsbildung folgt, daß sie grundsätzlich der arithmetischen Durchschnittsbildung bei der Berechnung von Indizes effektiver Wechselkurse vorzuziehen ist.

Das wichtigste Unterscheidungsmerkmal zwischen Indizes effektiver Wechselkurse sind die verwendeten Gewichte. Hier bietet sich eine große Palette von Möglichkeiten, die von bilateralen Handelsdaten bis zu solchen Gewichtungsschemata reichen, die anhand von Welthandelsmodellen ermittelt werden. Welches Gewichtungsschema sich als am geeignetesten erweist, hängt entscheidend von der Zielsetzung der Analyse ab, zu der die betreffenden Indizes herangezogen werden. Eine der Hauptzielsetzungen in diesem Zusammenhang besteht in der Einschätzung der Auswirkungen von Wechselkursänderungen auf die Zahlungsbilanz und insbesondere auf die Außenhandelsströme. Es sind jedoch auch andere Zielsetzungen denkbar. So kann z. B. das Interesse des Benutzers der Indizes darin bestehen, anhand der Entwicklung des Wechselkurses im Zeitlauf die besondere Bedeutung einer Währung im Vergleich zu anderen Währungen festzustellen oder auch einfach darin, ein leicht verständliches Maß für die täglichen Wechselkursbewegungen in die Hand zu bekommen. Darüber hinaus kann z. B. auch der Zusammenhang zwischen Wechselkursänderungen und Inflation im Vordergrund des Interesses stehen.

Je nach Zielsetzung der Analyse muß über die zu wählenden Gewichte gesondert entschieden werden. Da in den meisten Fällen die Untersuchung der Auswirkungen von Wechselkursänderungen auf Außenhandelsströme im Vordergrund steht, soll im folgenden die Wahl des Gewichtungsschemas unter diesem Gesichtspunkt näher diskutiert werden.

Wenn der Wechselkurs zwischen zwei Ländern sich verändert, hängen die Handelsbilanzwirkungen dieser Veränderung von folgenden Faktoren ab:

(a) Von der Intensität des Außenhandels zwischen den beiden Ländern. Je umfangreicher die Außenhandelsströme zwischen den beiden Ländern sind, um so stärker werden auch die handelspolitischen Auswirkungen von Wechselkursänderungen ausfallen.

(b) Vom Ausmaß der Konkurrenzbeziehungen zwischen den beiden Ländern auf Drittmärkten. Es ist durchaus möglich, daß zwei Länder kaum miteinander Außenhandel treiben, aber dennoch auf Drittmärkten stark miteinander konkurrieren. In diesem Falle würde z. B. die Abwertung der Währung des einen Landes eine weit stärkere Wirkung auf die Exportmöglichkeiten des anderen Landes haben als dies aufgrund der bilateralen Handelsströme zu vermuten wäre.

(c) Von den Preiselastizitäten der Nachfrage und des Angebots. Diese Elastizitäten sind in der Regel für verschiedene Kategorien von Gütern, wie z. B. Rohstoffe und verarbeitete Produkte, unterschiedlich. Entsprechend unterschiedlich sind auch die Auswirkungen auf die Handelsbilanz je nach der Struktur des Außenhandels. Bei sehr niedrigen Nachfrageelastizitäten nach Rohstoffen würde sich z. B. im Falle einer Aufwertung der Währungen von rohstoffexportierenden Ländern die Handelsbilanz eines importabhängigen Industrielandes verschlechtern. Eine Verbesserung der Handelsbilanz eines importierenden Landes wäre dagegen bei aufwertungsbedingter Verteuerung solcher Industriegüterimporte zu erwarten, für deren Produktion im Inland ein leistungsfähiger importsubstituierender Sektor existiert.

(d) Von Preisänderungen der Export- und Importgüter, die auf Wechselkursänderungen zurückzuführen sind. Wechselkursänderungen führen je nach Größe der Nachfrage- und Angebotselastizitäen und der Reaktion der Löhne auf Wechselkursänderungen zu Preisänderungen bei handelbaren Gütern. Solche induzierte Preisänderungen mindern den ursprünglichen Effekt von Wechselkursänderungen auf die Außenhandelsströme und müssen daher berücksichtigt werden.

Bei der Berechnung effektiver Wechselkurse zur Untersuchung von handelspolitischen Auswirkungen von Wechselkursänderungen sollte im Idealfall jede Wechselkursänderung gemäß ihrer Bedeutung für die Handelsbilanz des betreffenden Landes gewichtet werden. Die Gewichte sollten daher möglichst genau all die eben genannten Faktoren zur Geltung bringen. In der Praxis haben sich im Verlauf der 70er Jahre verschiedene Indizes mit unterschiedlichen Gewichtungsschemata durchgesetzt. Im folgenden sollen die drei am weitesten verbreiteten dieser Indizes vorgestellt und vor dem Hintergrund der obigen Überlegungen im

Hinblick auf ihre Vor- und Nachteile untersucht werden:

(a) Bilaterales Gewichtungsverfahren: In diesem Fall dienen bilaterale Exporte bzw. Importe eines Landes als Gewichte bei der Berechnung seines effektiven Wechselkurses. Die Berechnungsformel lautet daher:

$$BEWX = \sum_i (X_{ij}/\Sigma X_{ij}) \frac{e_{ij}^t}{e_{ij}^o} \quad \text{bzw.}$$

$$BEWM = \sum_j (M_{ji}/\Sigma M_{ji}) \frac{e_{ji}^t}{e_{ji}^o}$$

Wobei X_{ij} und M_{ji} die Exporte bzw. Importe des Landes i in das Land j bzw. aus dem Land j bezeichnen.

Der größte Vorteil bilateraler Gewichtung ist ihre Einfachheit. Sie ist leicht verständlich und leicht zu berechnen. Der Nachteil dieses Verfahrens liegt in der vollkommenen Vernachlässigung von Drittmarktkonkurrenz. Bei geografischer Konzentration des Handels erhalten Nachbarländer ein weit höheres Gewicht als entferntere Gebiete, obwohl diese möglicherweise mit dem betreffenden Land auf Drittmärkten in starker Konkurrenz stehen können. Auch Preiselastizitäten und wechselkursbedingte Preisänderungen der Handelsgüter bleiben unberücksichtigt. Bilaterale Gewichtung unterstellt im Grunde genommen unendlich große Preiselastizitäten des Angebots für alle Handelsgüter, gleich große Preiselastizitäten der Nachfrage für alle Kategorien von Exporten und Importen und Preiselastizitäten der Nachfrage für Exporte in bezug auf Exportpreise anderer Länder in Höhe von Null. Für handelspolitische Analysen ist die bilaterale Gewichtung daher kaum geeignet. Wegen ihrer Einfachheit eignet sie sich am ehesten für vergleichende Beschreibung von Wechselkursentwicklungen im Zeitablauf.

(b) Globales Gewichtungsverfahren: Bei globaler Gewichtung werden die Weltexportanteile einzelner Länder ausschließlich ihrer Exporte in das Land, dessen effektiver Wechselkurs berechnet wird, als Gewichte verwendet:

$$GEWX = \Sigma \; [(X_{j.} - X_{ji}) \; / \; \Sigma \; (X_{j.} - X_{ji})] \; \frac{e^t_{ij}}{e^o_{ij}}$$

$$\text{für alle } j \neq i$$

Wobei $X_{j.}$ die gesamten Exporte des Landes j in den Weltmarkt bezeichnet.

Die Überlegenheit globaler Gewichtung gegenüber bilateraler Gewichtung besteht in der Berücksichtigung von Drittmakrtkonkurrenz. Auch wenn das Land A mit dem Land B direkt keinen Handel treibt, wird sein Wechselkurs gegenüber B mit der Bedeutung, die dem Land B als Konkurrent von Land A auf den Weltmärkten zukommt, gewichtet. Umgekehrt kommen jedoch bilaterale Konkurrenzbezeihungen nicht voll zur Geltung. Auch wenn Land A mit dem Land C aufgrund geografischer Nähe einen sehr intensiven Außenhandel betreibt, wird dem Land C ein Gewicht gemäß seinem Anteil auf dem Weltmarkt beigemessen, der relativ unbedeutend sein kann. Ähnlich wie im Fall bilateraler Gewichtung werden auch bei globaler Gewichtung Elastizitäten und Preisänderungen als Folge von Wechselkursänderungen vernachlässigt.

(c) Gewichtung auf Grundlage von Welthandelsmodellen:

Der größte Vorteil von Welthandelsmodellen als Grundlage für die Gewichtung besteht darin, daß sie eine direkte Schätzung der Handelsbilanzwirkungen von Wechselkursänderungen ermöglichen. Mit Hilfe von solchen Modellen kann z. B. berechnet werden, wie sich die Handelsbilanz eines Landes verändert, wenn sein Wechselkurs sich gegenüber einem anderen Land um 1 v.H. verändert. Diese Information kann benutzt werden, um aktuelle Wechselkursänderungen bei der Berechnung des effektiven Wechselkurses zu gewichten. Ein auf diese Weise berechneter effektiver Wechselkurs bringt dann den Effekt zum Ausdruck, den die jeweils tatsächlichen Wechselkursänderungen auf die Handelsbilanz des betreffenden Landes haben. Wie genau die Ergebnisse sind, hängt jedoch stark von der Struktur der benutzten Modelle ab. Welthandelsmodelle bilden die multilaterale Struktur des Welthandels im Hinblick auf die Güterkombination, die Elastizitäten und wechselkursbedingten Preis- und Kostenänderungen ab. Sie unterscheiden sich in Hinblick auf Umfang, Komplexität und Verläßlichkeit der eingearbeiteten Informationen voneinander. Hier setzt auch die Kritik an diesem Verfahren ein.

Die Schärfe der Gewichte variiert stark mit den Annahmen über Zeithorizonte, Elastizitäten, Substitutionsgrade zwischen Gütern u.ä. Es werden darüber hinaus eine ganze Reihe von vereinfachenden Annahmen gemacht, um die Modelle handhabbar zu machen.

Das bekannteste Modell ist das sogenannte Multilateral Exchange Modell (MERM) des IWF. Es umfaßt den Handel zwischen 21 Industrieländern und zwei Gruppen von Ländern (Hauptölexportländer und Rest der Welt). Es wird zwischen 4 Gruppen von handelbaren Gütern und einem Binnengut unterschieden. Jedes Gut, das in einem Land produziert wird, gilt als ein Produkt. Das Modell enthält insgesamt also 115 verschiedene Produkte. Für jedes Produkt werden Nachfrage und Angebotsfunktionen spezifiziert. Durch eine Reihe vereinfachender Annahmen wird sichergestellt, daß die vielen Preiselastizitäten der Nachfrage aus einigen grundlegenden Parametern gewonnen werden können. Die Angebotsfunktionen enthalten neben Angebotselastizitäten einen Skalar, der im Falle von Veränderungen von Importpreisen von Inputs, Löhnen und direkten Steuern entsprechende Verschiebungen der Angebotskurve bewirkt. Es wird angenommen, daß alle Märkte sich im Gleichgewicht befinden. Wenn man die Höhe der nominalen Ausgaben in jedem Land und die Wechselkurse vorgeben würde, könnte dieses generelle Gleichgewichtsmodell des Welthandels gelöst werden. Die Lösung ergäbe alle Binen- und Außenhandelsströme bzw. Handelsbilanzsalden und das reale Outputniveau jedes Landes. Im IWF-

Modell wird das reale Outputniveau jedes Landes exogen vorgegeben und es wird unterstellt, daß die nominalen Ausgaben so angepaßt werden, daß diese Zielgröße erreicht wird. Für eine bestimmte Wechselkursmatrix können dann die entsprechenden nominalen Ausgabenniveaus und Handelsbilanzsalden berechnet werden.

Zur Berechnung effektiver Wechselkurse kann anhand des MERM die isolierte Wirkung einer einprozentigen Veränderung des Wechselkurses jedes Landes auf seine Handelsbilanz berechnet werden, indem das reale Outputniveau konstant gehalten wird, um den Einfluß von realen Outputänderungen auf die Handelsbilanz auszuschalten. Dieser Handelsbilanzeffekt wird in der Währung des betreffenden Landes ausgedrückt und mit dem Durchschnitt der induzierten Preisänderungen der Exporte und Importe deflationiert. Die auf diese Weise gewonnenen Größen dienen dann zur Gewichtung tatsächlicher Wechselkursänderungen.

3. Nomineller und realer Wechselkurs

Wechselkursänderungen werden in der Regel als eine bedeutende Bestimmungsgröße internationaler Preiswettbewerbsfähigkeit betrachtet. Solange keine hohen und divergierenden Inflationsraten zwischen einzelnen Ländern bestehen, können Änderungen nomineller effektiver Wechselkurse mit denen realer effektiver Wechselkurse als identisch betrachtet werden. Bei hohen und divergierenden Inflationsraten fallen jedoch die beiden Größen auseinander. Nominelle effektive Wechselkursänderungen geben in diesem Falle keine brauchbaren Anhaltspunkte für die Beurteilung von Änderungen internationaler Wettbewerbsverhältnisse. Zu diesem Zweck hat sich daher die Berechnung von realen Wechselkursen eingebürgert. Analog zur Ausdrucksweise des nominellen effektiven Wechselkurses kann der reale effektive Wechselkurs REW folgendermaßen formelmäßig dargestellt werden:

$$REW_i = \sum_j g_j \cdot \frac{e_{ij}^t}{e_{ij}^o} \cdot \frac{P_i}{P_j}$$

Wobei P_i und P_j jeweils die Preisindizes des Landes i bzw. j in t mit der Basisperiode o darstellen. Zur Berechnung des realen Wechselkurses wird also der effektive Wechselkurs mit Hilfe des entsprechenden relativen Preisindexes deflationiert. Zwei Problemkreise tauchen bei der Berechnung realer effektiver Wechselkurse auf.
Zunächst muß über ein angemessenes Gewichtsverfahren entschieden werden. Die Problematik der Gewichtung wurde bereits oben diskutiert. Die generelle Schlußfolgerung lautet hier, daß man je nach Wahl des Gewichtungsverfahrens zu sehr unterschiedlichen Werten kommt, deren Entwicklungsrichtung in bestimmten Zeiträumen sich durchaus widersprechen können. Die Adäquatheit eines bestimmten Gewichtungsverfahrens kann nur im Hinblick auf eine konkret zu untersuchende Problemstellung beurteilt werden.

Zum anderen sind die angemessenen Preisindizes auszuwählen. Auch hier liegen eine ganze Reihe von Möglichkeiten vor. Im folgenden sollen die Vor- und Nachteile einzelner Preisindizes zur Berechnung realer effektiver Wechselkurse kurz diskutiert werden:

(a) Konsumentenpreisindizes: Konsumentenpreisindizes sind für die meisten Länder leicht erhältlich und werden nach vergleichbaren statistischen Methoden aufbereitet. Die Warenkörbe sind jedoch unterschiedlich und reflektieren unterschiedliche Ausgabegewohnheiten. Hinzu kommt, daß sie zu einem großen Teil aus nicht handelbaren Gütern bestehen. Im Vergleich zum Anteil der landwirtschaftlichen Güter im Handel zwischen industrialisierten Ländern sind diese Güter im Konsumentenpreisindizes überrepräsentiert, so daß eine starke Diskrepanz zwischen Preisänderungen der Außenhandelsgüter und Konsumentenpreisen entstehen kann.

(b) Preisindizes des Bruttosozialprodukts: Diese enthalten auch Kapitalgüterpreise, die einen großen Anteil des Welthandels ausmachen. Der Anteil der nicht handelbaren

Güter ist jedoch auch hier sehr groß. Die Berechnung von BSP-Deflatoren wirft darüber hinaus datenmäßige und konzeptionelle Probleme auf. So sind z. B. Berechnungen von Wertschöpfung zu konstanten Preisen für manche Kategorien von Gütern und Dienstleistungen in Situationen, in denen sich die relativen Preise oft und stark ändern, kaum brauchbar.

(c) Großhandelspreisindizes: Diese Indizes erfassen einen großen Anteil international gehandelter Güter. Andererseits leiden sie jedoch stark unter mangelnder internationaler Vergleichbarkeit. Im Hinblick auf das Ausmaß erfaßter Güter und Dienste und mathematischer Konstruktion unterscheiden sie sich sehr stark von Land zu Land, so daß u. U. die Aussagefähigkeit des Quotienten aus den Preisniveaus betreffender Länder stark eingeschränkt ist.

(d) Exportpreisindizes: Exportpreisindizes erfassen direkt die für den Außenhandel relevanten Güter. Problematisch ist jedoch, daß viele Länder keine Indizes auf der Grundlage konstanter Exportwarenkörbe berechnen, sondern vielmehr Exportdurchschnittspreisindizes. Der Warenkorb ist praktisch variabel, so daß die Indizes die Preisänderungen nicht exakt genug erfassen können. Importpreise werden darüber hinaus völlig vernachlässigt.

(e) Kostenindizes: Anstelle von Preisen werden oft Kostenindizes berechnet. Der Grund liegt darin, daß Kosten direktere Informationen über internationale Wettbewerbsfähigkeit vermitteln als Preise. Gesamtkostenindizes existieren jedoch nicht. In der Regel werden Lohnkostenindizes berechnet. Kapital- und Materialkosten werden vernachlässigt. Zur Berücksichtigung der Produktivität wird der Quotient aus der Lohnsumme und dem realen Gesamtprodukt, d.h. die sog. Lohnstückkosten verwendet. Statistische Probleme werfen die Definition und Erfassung von Lohnkosten und die Berücksichtigung von zyklischen Schwankungen auf. Eine zeitlich unterschiedliche Reaktionsdauer von Löhnen und Produktivität auf zyklische Schwankungen kann leicht zu falschen Signalen im Hinblick auf die internationale Wettbewerbsfähigkeit führen. Auch bei Kostenindizes ist die internationale Vergleichbarkeit daher nicht gewährleistet.

Generell kann gesagt werden, daß alle in Frage kommenden Deflatoren mit Mängeln behaftet sind. Die Wahl des Deflators kann jeweils nur im Hinblick auf die untersuchte Fragestellung und der entsprechenden Datenlage entschieden werden.

Die eben getroffene Feststellung zeigt auch die Grenzen der Aussagefähigkeit des Konzeptes des "realen Wechselkurses". Der reale Wechselkurs ändert sich nicht nur je nach der Wahl des Gewichtungsverfahrens. Er variiert vielmehr auch mit den jeweils verwendeten Deflatoren. Dadurch geht die dem Konzept in theoretischen Analysen sehr oft beigelegte Eindeutigkeit verloren. Darüber hinaus wird auch ein grundsätzlicher Einwand gegen den Begriff des "realen" Wechselkurses erhoben. Ein 'Wechselkurs' ist definitionsgemäß immer eine monetäre Größe, d.h. der Preis einer Währung in Einheiten einer anderen Währung. Der Begriff "realer" Wechselkurs ist insofern irreführend, als der Wechselkurs nicht wie viele andere ökonomische Größen in die beiden Komponenten Menge und Preis zerfällt. Bei der Berechnung des realen Wechselkurs handelt es sich also nicht um die einfache Deflationierung einer nominalen Größe mit einem klaren realen Inhalt. Bei der Verwendung des Begriffs sollte dieser Sachverhalt immer im Auge behalten werden.

4. Effektive Wechselkurse für rohstoffproduzierende Entwicklungsländer

Idealerweise müßten auch für die Entwicklungsländer bei der Berechnung von effektiven Wechselkursen Gewichte verwendet werden, die Drittmarktkonkurrenz, Preiselastizitäten und induzierte Preisänderungen berücksichtigen. Im Rahmen der bestehenden Welthandelsmodelle wie z. B. in MERM werden die Entwicklungsländer jedoch als eine aggregierte Gruppe behandelt. Für individuelle Entwicklungsländer können daher anhand solcher Modelle keine Gewichte ermittelt werden. Es sind jedoch bereits Versuche unternommen worden, auch für rohstoffproduzierende Entwicklungsländer Modelle zu entwickeln, die die Ermittlung ähnlicher Gewichte ermöglichen. Im folgenden soll die Verfahrensweise eines solchen Modells kurz beschrieben werden. Für Einzelheiten wird auf die entsprechende Literatur am Ende des Kapitels verwiesen.

Die Exporte eines typischen rohstoffproduzierenden Landes setzen sich aus Exporten einzelner Rohstoffe zusammen, für die einheitliche Weltmarktpreise existieren. Die Analyse des Weltmarktes für einzelne Rohstoffe bildet daher den Ausgangspunkt für die Schätzung von Wirkungen von Wechselkursänderungen auf die Handelsbilanz eines solchen Landes. In einem von Feltenstein/Goldstein und Schadler 1979 entwickelten Modell wird für jeden Rohstoff eine Angebotsfunktion in Abhängigkeit von seinem realen Preis in der Währung der exportierenden Länder und eine Nachfragefunktion in Abhängigkeit von realen Ausgaben importierender Länder, des realen Preises in der Währung der importierenden Länder und des realen Preises der Substitute des betreffenden Rohstoffes in der Währung der importierenden Länder aufgestellt. Es wird davon ausgegangen, daß die Märkte für einzelne Rohstoffe geräumt werden. Die Gleichgewichtsbedingung lautet also: Globales Angebot gleich globaler Nachfrage. Der Wechselkurs kommt dadurch ins Spiel, daß die in den Angebots- und Nachfragefunktionen in nationalen Währungen ausgedrückten Preise durch Multiplikation mit dem Wechselkurs in Weltmarktpreise transformiert werden müssen, was dem Modell zwei weitere Identitätsgleichungen hinzufügt. Das Modell kann nunmehr nach der prozentualen Änderung des Weltmarktpreises für den betreffenden Rohstoff gelöst werden. Sie ist abhängig von den Änderungen des realen Wechselkurses der exportierenden und der importierenden Länder, der Weltpreiselastizitäten des Angebots und der Nachfrage, der Weltelastizität der Nachfrage in bezug auf die Ausgaben für den betreffenden Rohstoff und Weltpreiselastizität der Nachfrage in bezug auf den Preis von Substituten.

Die Kenntnis der prozentualen Änderungsrate des Weltmarktpreises ermöglicht es nunmehr, die Änderung der Exporterlöse des betreffenden rohstoffproduzierenden Landes aus diesem Rohstoff zu berechnen. Sie ist gleich der Änderungsrate des Weltmarktpreises zuzüglich zusätzlicher Erlöse aus dem Mengenzuwachs der Exporte aufgrund der betreffenden Preisänderung, die mit Hilfe der Preiselastizitäten des Angebots unter Berücksichtigung der Abwertungsrate und der internen Inflationsrate berechnet werden kann. Die Änderung der gesamten Exporterlöse ergibt sich entsprechend aus der Summe der Exporterlösänderungen einzelner Rohstoffe, aus denen sich die Exporte des Landes zusammensetzen.

Zur Schätzung der Handelsbilanzwirkungen ist neben Exporterlösänderungen auch die Kenntnis der Änderungsrate der Importe infolge von Wechselkursänderungen notwendig. Wechselkursänderungen bewirken eine Veränderung der Importnachfrage erstens infolge von Terms of trade-Änderungen und der daraus folgenden Änderung des Realeinkommens, zweitens infolge von Exportänderungen, die wiederum Einkommenseffekte auslösen, die Ausgabenänderungen nach sich ziehen, und drittens infolge von Substitution von Importen durch einheimische Produktion. Diese Effekte werden im hier dargestellten Ansatz im Rahmen eines Submodells erfaßt, das aus drei Gleichungen besteht.

Die erste Gleichung ist die bekannte Definitionsgleichung des Volkseinkommens. Die zweite Gleichung drückt die funktionelle Abhängigkeit der Ausgaben vom Einkommen aus. In der dritten Gleichung wird die Abhängigkeit der Importe von realen Ausgaben und Änderungen der relativen Preise für Importe beschrieben. Dieses Submodell kann nach der Änderungsrate der Importausgaben gelöst werden. Sie wird determiniert durch die Änderungen der Exporterlöse, die Änderung der Wechselkurse, die Inflationsrate und die Importpreise. Die inflationsrate wird im Modell in Abhängigkeit von Überschußangebot an Geld bestimmt. Sie dient zur Ermittlung realer Wechselkurse, von denen die Entscheidungen der Exporteure und Importeure abhängig sind.
Anhand des Gesamtmodells können somit bei einer gegebenen

Wachstumsrate der Geldmenge und damit der Inflationsrate die Wirkung von Wechselkursänderungen auf die Handelsbilanz anhand der Änderungen der Exporterlöse und der Importe ermittelt werden. Somit ist auch der Weg für die Berechnung von effektiven Wechselkursen frei.
Dazu kann zunächst die Handelsbilanzwirkung von tatsächlich eingetretenen Wechselkursänderungen berechnet werden. Sodann wird, ausgehend von dieser bekannten Größe, derjenige hypothetische Numeraire-Wechselkurs des betreffenden Landes ermittelt, der genau dieselbe Handelsbilanzwirkung haben würde. Um diese uniforme Wechselkursänderung zu ermitteln, werden alle anderen Wechselkursänderungen und Inflationsraten in allen Ländern gleich Null gesetzt. Die so ermittelte Wechselkursänderung entspricht in ihrer Definition genau dem effektiven Wechselkurs.
Wegen fehlender Daten dürfte die Anwendung des eben beschriebenen Modells auf rohstoffproduzierende Länder nicht immer möglich sein. Sehr oft werden Schätzungen für bestimmte Parameter notwendig, die den Aussagewert der ermittelten Indizes mindern. Hinzu kommen Begrenzungen des Modells selbst. So wird z. B. unterstellt, daß Rohstoffmärkte nur über Preise geräumt werden. Veränderungen in Lagerbildung, Marktunvollkommenheiten wie z. B. der Einfluß einzelner Großkonsumenten auf Preisbildung u. ä. sind nicht berücksichtigt. Exporte von verarbeiteten Produkten und der Einfluß von Direktkontrollen auf Importe bleiben ebenfalls außerhalb des Modells. Grundsätzlich ist es jedoch möglich, das Modell im Hinblick auf solche Faktoren zu überprüfen und entsprechend neu zu formulieren.

5. Informationsquellen über effektive Wechselkurse

Inzwischen werden von vielen Institutionen effektive Wechselkurse berechnet und regelmäßig veröffentlicht. Die bekannteste Serie, die sog. MERM-Indizes, kann man in den Ländertabellen der vom IWF herausgegebenen International Financial Statistics finden. Die OECD veröffentlicht ein ähnliches Index im statistischen Teil seines Economic Outlook. Weite Verbreitung gefunden haben auch die von der Morgan Guaranty Trust Company in "World Financial Markets" veröffentlichten Indices. Sie werden auf der Grundlage eines bilateralen Gewichtungsverfahrens ermittelt und geometrisch gewichtet. Einen ähnlichen Index berechnet auch die Bundesbank für die DM, für EG-Währungen und für einige andere wichtige Währungen. Sie werden in der Reihe 5 der statistischen Beihefte der Bundesbank "Die Währungen der Welt" veröffentlicht. Dort findet man auch reale Wechselkurse für die DM auf der Basis von Konsumentenpreisindizes. Andere Institutionen, die Indizes effektiver Wechselkurse veröffentlichen: U.S. Federal Reserve Board, U.S. Treasury, U.K. Treasury und einige andere Zentralbanken.

Da die Berechnungsverfahren einer bestimmten Institution auch im Zeitablauf Modifikationen unterliegen können, sollte bei der Benutzung eines bestimmten Indexes auf die jeweils angewandten Berechnungsmethoden genau geachtet werden.

Literaturhinweise

1. Bélanger, G., An Indicator of Effective Exchange Rates for Primary Producing Countries, in: IMF, Staff Papers, vol. 23, 1976, S. 113 ff.

2. Brodsky, D.A., Arithmetic versus Geometric Effective Exchange Rates, in: Weltwirtschaftliches Archiv, Bd. 118, H. 3, 1982, S. 546 ff.

3. Dubois, M., Der reale Wechselkurs: Konzept und Berechnungsergebnisse, in: Monatsberichte der Schweizerischen Nationalbank, Beilage, Mai 1978, Nr. 5, S. 2 ff.

4. Feldsieper, M., Zum Begriff und zur Messung der realen Bewertung einer Währung, in: Feldsieper, M., Groß, R. (Hrsg.), Wirtschaftspolitik in weltoffener Wirtschaft, Berlin 1983, S. 15 ff.

5. Feltenstein, A.,; Goldstein, M.; Schadler, S.M., A Multilateral Exchange Rate Model for Primary Producing Countries, in: IMF Staff Papers, vol. 26, Nr. 3, 1979, S. 543 ff.

6. Frisch, F.; Higgins, I., An Indicator of Effective Exchange Rates, in: IMF, Staff Papers, vol. 17, Nr. 3, 1970, S. 453 ff.

7. Maciejewsky, E.B, 'Real' Effecitve Exchange Rate Indices: A Re-Examination of the Major Conceptual and Methodological Issues, in: IMF, Staff Papers, vol. 30, Nr. 3, 1983, S. 491 ff.

8. Morgan Guaranty, Trust Company, Effective Exchange Rates: Nominal and Real, in: World Financial Markets, May 1978, S. 3 ff.

9. Morgan Guaranty, Trust Company, Effective Exchange Rates: Compared, in: World Financial Markets, April 1979, S. 6 ff.

10. Rhomberg, R.R., Indices of Effective Exchange Rates, in: IMF-Staff Papers, vol. 23, 1976, S. 88 ff.

II. Devisenmarkttheoretische Grundlagen

1. Devisenkassa- und Devisenterminmarkt

Auf einem Devisenmarkt werden Devisen angeboten und nachgefragt. Der sich auf einem Devisenmarkt herausbildende Preis ist der uns bereits bekannte Wechselkurs. Er kann - wie bereits dargestellt - in der Mengen- oder Preisnotierung angegeben werden. Je nach Fristigkeit der abgeschlossenen Verträge unterscheidet man zwischen zwei Arten von Devisenmärkten. Auf dem Devisenkassamarkt werden die erworbenen Devisen spätestens zwei Tage nach Vertragsabschluß zur Verfügung gestellt. Auf dem Terminmarkt erfolgen die Übergabe der Devisen und die Zahlung des Gegenwerts zu einem im Zeitpunkt des Vertragsabschlusses festgelegten zukünftigen Termin. Die Fristigkeit beträgt gewöhnlich ein bzw. zwei oder sechs Monate. Terminkontrakte von längerer Dauer sind auch möglich.

Die Kurse auf dem Terminmarkt werden ähnlich wie die auf dem Kassamarkt notiert. Wenn der Terminkurs höher liegt als der Kassakurs, bezeichnet man die positive Differenz als Report. Im umgekehrten Falle wird die negative Differenz als Deport bezeichnet. Report und Deport werden üblicherweise als Prozentsätze des Kassakurses ausgedrückt und auf Jahresbasis umgerechnet. Diese Relation wird Swapsatz genannt. Wenn wir mit w_t den Terminkurs und mit w_k den Kassakurs in der Preisnotierung bezeichnen, beträgt der Swapsatz:

$$A\left(\frac{w_t - w_k}{w_k}\right)$$

Dabei ist A ein Faktor zur Umrechnung des Reports bzw. Deport auf Jahresbasis. A beträgt 1.00 für Jahreskontrakte, 4.00 für 3-Monatskontrakte und 12.00 für Monatskontrakte.

2. Devisengeschäfte

Das Angebot und die Nachfrage auf dem Devisenkassa- und Terminmarkt können auf drei Arten von Geschäften zurückgeführt werden. Diese Geschäfte verbinden die beiden Märkte eng miteinander. Es sind Zinsarbitragegeschäfte, Spekulationsgeschäffte und Außenhandelsgeschäfte. Im folgenden sollen diese Geschäfte und ihre Implikationen für die Kursbildung auf den beiden Märkten jeweils kurz dargestellt werden.

2.1. Zinsarbitragegeschäfte:

Zinsarbitrageure maximieren die Rendite von verfügbaren Finanzmitteln unter Ausschaltung von Wechselkursrisiken. Sie verfügen über einen bestimmten Betrag in DM und stehen vor der Entscheidung, diesen Betrag kurzfristig - z. B. für 3 Monate - auf inländischen oder ausländischen Geldmärkten anzulegen. Ihnen sind die Zinssätze im In- und Ausland und der Kassa- und der Terminkurs bekannt. Wenn wir davon ausgehen, daß der Zinssatz für 3-Monatsanlagen im Inland i_i und im Ausland i_a beträgt, so würde 1 DM auf dem inländischen Geldmarkt angelegt in 3 Monaten auf

$$1 + i_i$$

anwachsen.

Die Anlage eines DM-Betrages auf dem ausländischen Geldmarkt erfordert zunächst den Tausch dieses Betrages zum jeweiligen Kassakurs in die ausländische Währung. Das Wechselkursrisiko besteht darin, daß die DM in drei Monaten möglicherweise eine Aufwertung erfährt oder die ausländische Währung eine Abwertung. Der dadurch erlittene Verlust könnte u. U. größer sein als der erzielte Zinsgewinn durch Anlage des Betrages im Ausland. Um dieses Wechselkursrisiko auszuschalten, wird der in die ausländische Währung umgetauschte Betrag zuzüglich der Zinsen für drei Monate gleichzeitig auf dem Devisenterminmarkt zum bereits bekannten Terminkurs verkauft. Unter diesen Bedingungen würde 1 DM im Ausland angelegt in 3 Monaten auf einen Betrag in folgender Höhe anwachsen:

$$\left(\frac{1}{w_k} + \frac{1}{w_k} \cdot i_a\right) \cdot w_t \qquad \text{bzw.} \qquad \frac{1}{w_k} (1 + i_a)\ w_t$$

Die Anlage von Finanzmitteln auf dem ausländischen Geldmarkt lohnt sich solange:

$$\frac{1}{w_k} (1 + i_a)\ w_t > 1 + i_i$$

da

$$\frac{w_t}{w_k} = \frac{w_t - w_k}{w_k} + 1$$

kann die obige Bedingung auch folgendermaßen geschrieben werden:

$$\left(\frac{w_t - w_k}{w_k} + 1\right) (1 + i_a) > 1 + i_i$$

oder

$$\frac{w_t - w_k}{w_k} + i_a \frac{w_t - w_k}{w_k} + 1 + i_a > 1 + i_i$$

Da die Größe $i_a \frac{w_t - w_k}{w_k}$ sehr klein ist, wird sie in der Regel vernachlässigt.

Kapitalexporte lohnen sich also dann, wenn:

$$i_a - i_i > \frac{w_k - w_t}{w_k} \qquad \text{bzw.} \quad t_i - i_a < \frac{w_t - w_k}{w_k}$$

Zinsgewinne im Ausland müssen also größer sein als die Kurssicherungskosten, wenn sich Kapitalexporte lohnen sollen. Zu Kapitalimporten kommt es, wenn das Zinsdifferential zugunsten des Inlandes größer ist als der Swapsatz. Die Tätigkeit der Arbitrageure trägt jedoch dazu bei, daß der jeweils vorhandene Anreiz zu Kapitalexporten bzw. -importen allmählich nachläßt. Kapitalexporte könnten z. B. - wenn sie groß genug sind - dazu führen, daß die Zinssätze im Ausland fallen, während sie im Inland steigen. Das hohe Angebot an Termindevisen und die Nachfrage nach Kassadevisen führen zugleich dazu, daß w_k steigt und w_t abnimmt, so daß eine Tendenz zur Erfüllung der sog. Zinsparität ausgelöst wird, bei der das Zinsdifferential dem Swapsatz entspricht.

2.2. Spekulationsgeschäfte:

Ein Spekulant verzichtet bewußt auf eine Kurssicherung und nimmt somit ein Wechselkursrisiko in Kauf, um einen Gewinn zu erzielen. Er hat die Möglichkeit, sich auf den beiden Devisenmärkten zu betätigen. Die Grundlage für die Spekulation ist auf den beiden Märkten eine bestimmte Erwartung, die der Spekulant im Hinblick auf den zukünftigen Kassakurs w_k^e entwickelt. Auf dem Kassamarkt vergleicht er w_k^e mit dem gegenwärtigen Kassakurs w_k. Wenn er z. B. eine Abwertung der heimischen Währung erwartet, dann gilt:

$$w_k^e < w_k$$

In diesem Fall kann er einen Kredit aufnehmen, die verfügbare Summe zum bestehenden Kassakurs in Devisen umtauschen und auf dem ausländischen Geldmarkt z. B. für 3 Monate anlegen. Falls seine Erwartungen zutreffen, wird er nach Ablauf von 3 Monaten die Devisen zu dem nunmehr höheren Kassakurs in DM umtauschen und dadurch einen Kursgewinn erzielen.

Das Spekulationsgeschäft ist jedoch auch mit Kosten verbunden, sofern der ausländische Zinssatz niedriger liegt als der inländische Zinssatz. Dies gilt auch, wenn er das Geschäft nicht durch Kreditaufnahme, sondern durch Einsatz eigener Mittel finanziert hat. In diesem Fall hat er auf die Anlage seiner Finanzmittel zu dem höheren inländischen Zinssatz verzichtet.

Das Spekulationsgeschäft lohnt sich also nur dann, wenn die Zinsverluste niedriger sind als der erzielte Kursgewinn, d.h. wenn:

$$i_i - i_a < \frac{w_k^e - w_k}{w_k}$$

Auf dem Terminmarkt vergleicht der Spekulant w_k^e mit w_t.
Im Fall von Abwertungserwartungen, d.h., wenn $w_k^e > w_t$ wird, wird er zum bestehenden Terminkurs Termindevisen kaufen und nach Ablauf des Kontraktes diese Devisen zum nunmehr höheren Kassakurs verkaufen und dadurch einen Kursgewinn erzielen.
Auch die Aktivitäten der Spekulanten führen zu Änderungen der Relation zwischen Kassa- und Terminkurs. Im obigen Beispiel führt die Spekulation auf dem Kassamarkt zur Abwertung. Die erwartete Abwertung tritt also bereits früh ein. Sie kann sich verstärken, wenn sie die Erwartung weiterer Abwertungen auslöst. Ähnlich kommt es auch auf dem Terminmarkt bei Abwertungserwartungen infolge von Termindevisenkäufen zu einer Abwertung.

2.3. Außenhandelsgeschäfte:

Als dritte Gruppe der Teilnehmer auf den Devisenmärkten sind Exporteure und Importeure zu nennen. Die folgende Darstellung beschränkt sich auf die Exporteure. Sie kann leicht auch auf Importeure übertragen werden.

Bei einem Exportgeschäft können der Zeitpunkt des Vertragsabschlusses und der der Zahlung des Gegenwertes zusammenfallen oder auch auseinander liegen. Im ersteren Fall verfügt der Exporteur sofort über Devisen, die er auf dem Devisenkassamarkt in die heimische Währung umtauschen kann. Im letzteren Fall verfügt er über Termindevisen. Hieraus erwächst ihm ein Wechselkursrisiko, da die heimische Währung in der Zwischenzeit eine Aufwertung oder die ausländische Währung eine Abwertung erfahren kann. Um sich gegen dieses Risiko abzusichern, hat der Exporteur zwei Möglichkeiten. Er kann seine Termindevisen zum bestehenden Terminkurs verkaufen. In diesem Fall erleidet er Verluste in Höhe des Swapsatzes, wenn Termindevisen mit einem Deport gehandelt werden. Die zweite Möglichkeit besteht darin, zugleich mit dem Abschluß des Exportgeschäftes einen Kredit im Ausland aufzunehmen, dessen Laufzeit mit dem gewährten Zahlungsziel des Exportgeschäftes übereinstimmt. Der Exporteur kann die durch Kreditaufnahme erworbenen Devisen sofort zum Kassakurs in DM umtauschen. Die Termindevisen werden dann nach Ablauf des Kontraktes zur Rückzahlung des im Ausland aufgenommenen Kredits verwendet. Auch in diesem Fall ist die Absicherung gegen das Wechselkursrisiko mit Kosten verbunden, sofern der ausländische Zinssatz höher liegt als der inländische Zinssatz. Die Kreditaufnahme ist im Vergleich zum Verkauf der Devisen auf dem Terminmarkt dann günstiger, wenn:

$$i_a - i_i < \frac{w_k - w_t}{w_k} \quad \text{bzw.} \quad i_i - i_a > \frac{w_t - w_k}{w_k}$$

Die Entscheidung zwischen den beiden Alternativen ist auch im Fall des Exporteurs abhängig von der Relation zwischen dem Swapsatz und dem Zinsdifferential.

Ein Importeur wird ähnlich bei sorfortiger Zahlung die Devisen auf dem Kassamarkt erwerben. Bei einem Zahlungsziel kann er sich gegen eine DM-Abwertung entweder durch Kauf von Termindevisen oder Kreditaufnahme im Inland absichern. Im letzten Fall wird er die erworbenen Mittel auf dem Kassamarkt in Devisen umtauschen und diese bis zur Fälligkeit seiner Schulden aus dem Importgeschäft auf dem ausländischen Geldmarkt anlegen. Die Entscheidung zwischen den beiden Alternativen ist von der Relation des Swapsatzes zum Zinsdifferential abhängig.

Ex- und Importeure können sich allerdings auch als Spekulanten betätigen, wenn sie erwarten, daß der zufällige Kassakurs vom geltenden Terminkurs nach oben bzw. nach unten abweichen wird. In diesem Fall verzichten die Ex- bzw. Importeure auf eine

Absicherung gegen das Wechselkursrisiko und unterhalten ungesicherte Forderungen bzw. Verbindlichkeiten.

2.4. Devisenmarktgleichgewicht

Arbitrageure, Spekulanten und Händler treten je nach Konstellation des Marktes als Käufer bzw. Verkäufer von Devisen auf dem Kassa- und Terminmarkt auf. Bei gegebenen Geldmarktzinssätzen im In- und Ausland und gegebenen Wechselkurserwartungen hängt das Angebot an und die Nachfrage nach Kassadevisen bei gegebenem Terminkurs vom jeweiligen Kassakurs und das Angebot an und die Nachfrage nach Termindevisen bei gegebenem Kassakurs vom jeweiligen Terminkurs ab. Aus der Eigenart der oben beschriebenen Devisenmarktgeschäfte ergeben sich die folgenden funktionalen Abhängigkeiten:

- bei steigendem Kassakurs der inländischen Währung (Abwertunng) fragen die Arbitrageure immer weniger Devisen nach und treten ab einer bestimmten Höhe des Kassakurses als Anbieter von Devisen auf. Dieses Verhalten erklärt sich dadurch, daß unter den eben gemachten Annahmen bei steigendem w_k der Swapsatz $\frac{w_t - w_k}{w_k}$ im Vergleich zum Zinsdifferential $i_i - i_a$ abnimmt, so daß Kapitalexporte sich immer weniger lohnen und Kapitalimporte allmählich lohnender werden.
- ähnliches gilt auch für die Spekulanten auf dem Kassamarkt. Hier nehmen bei gegebenen Erwartungen die erwarteten Spekulationsgewinne bei steigendem Kassakurs ab. Die Nachfrage der Spekulanten nach Kassadevisen geht daher zurück.
- bei steigendem Kassakurs nimmt das Angebot an Devisen seitens der Exporteure zu, sei es aus Exporterlösen bei sofort zahlbaren Geschäften oder aus Kreditaufnahmen aus dem Ausland zum Zwecke der Kurssicherung. Umgekehrt geht die Nachfrage der Importeure nach Devisen zurück.

Auf dem Kassamarkt nimmt also bei steigendem Kassakurs das Angebot an Devisen zu,während die Nachfrage zurückgeht. Dasselbe gilt auch für den Terminmarkt:

- bei steigendem Terminkurs und gegebenem Kassakurs nimmt das Angebot von Termindevisen seitens der Arbitrageure zu. Dies folgt daraus, daß unter diesen Annahmen der Swapsatz im Vergleich zum Zinsdifferential laufend zunimmt. Kapitalexporte lohnen sich daher immer mehr.
- bei zunehmendem w_k und gegebenen Wechselkurserwartungen wird die Terminspekulation immer unaktraktiver. Die Nachfrage nach Termindevisen seitens der Spekulanten nimmt daher bei steigendem Terminkurs ab.
- das Angebot der Exporteure an Devisen nimmt bei steigendem w_t zu, da der Swapsatz entsprechend zunimmt und die Vorteile der Kurssicherung über den Terminmarkt wachsen. Die Nachfrage der Importeure nach Devisen geht bei steigendem w_t zurück, da die Kurssicherung durch eine Kreditaufnahme zunehmend im Vergleich zum Kauf von Termindevisen attraktiver wird.

Im Gleichgewicht auf dem Devisenkassa- und Devisenterminmarkt ist bei den herrschenden Kassa- und Terminkursen das Angebot an Devisen auf dem jeweiligen Markt gleich der Nachfrage nach ihnen. Zugleich ist die sog. Zinsparität erfüllt. Der Swapsatz ist gleich dem Zinsdifferential. Veränderungen unabhängiger Variablen wie z. B. der Zinssätze oder spekulativer Erwartungen lösen Kapitalbewegungen aus und führen zu Änderungen des Swapsatzes bis ein neues Gleichgewicht erreicht wird.

3. Das Zinsparitätentheorem

Das Zinsparitätentheorem besagt, daß finanzielle Aktiva, die in jeder Hinsicht außer der Denominationswährung gleich sind, unter Berücksichtigung von Kurssicherungskosten die gleichen Erträge bringen. Als Folge der Arbitragetätigkeit und der dadurch ausgelösten Kapitalbewegungen wird der Zinsdifferential zwischen ähnlichen in- und ausländischen Geldmarktwertpapieren immer gleich dem Swapsatz sein.

Das Zinsparitätentheorem besitzt nur unter folgenden Annahmen Gültigkeit:

(a) Es existieren Kassa- und Devisenterminmärkte, die ohne administrative Restriktionen funktionieren

(b) Die Transaktionskosten sind so gering, daß sie vernachlässigt werden können. Je höher die Transaktionskosten sind, umso größer wird auch die Abweichung von der Zinsparität sein, da neben Kurssicherungskosten nunmehr auch Transaktionskosten berücksichtigt werden müssen.

(c) Es existiert kein Risiko bei Investitionen im Ausland. Risiken wie z. B. das politische Risiko der plötzlichen Einführung von Kapitalverkehrskontrollen führen zu Abweichungen von der Zinsparität. Investitionen in ausländischen Wertpapieren müssen durch höhere Erträge auch solche Risiken abdecken. Ähnliches gilt auch im Hinblick auf unterschiedliche Besteuerungspraktiken u.ä. Bei Existenz solcher Risiken können die betreffenden Wertpapiere nicht als perfekte Substitute betrachtet werden.

4. Fisher-Hypothese für eine offene Volkswirtschaft (Fisher-open)

Eine alternative Hypothese über die Relation der nominellen Geldmarktzinssätze im In- und Ausland ist die sog. Fisher-Hypothese für eine offene Volkswirtschaft. Sie besagt, daß die Differenz zwischen Geldzinssätzen bei ähnlichen finanziellen Aktiva der erwarteten Änderungsrate des Wechselkurses gleich ist. Es gilt also:

$$i_i - i_a = \frac{w^e - w}{w}$$

wobei w den herrschenden Wechselkurs und w^e den erwarteten Wechselkurs bezeichnet.

Die Erklärung für die Fisher-Hypothese besteht darin, daß die Investoren finanzielle Aktiva, die in einer abwertungsverdächtigten Währung denominiert sind, nur dann halten, wenn deren Zinssätze hoch genug sind, um die Verluste aus der erwarteten Abwertung zu kompensieren. Umgekehrt sind die Investoren bereit, niedrigere nominelle Verzinsungen in Kauf zu nehmen, wenn Gewinne aus zu erwartenden Abwertungen diese Zinsverluste kompensieren.
Abweichungen von der Fisher-Parität sind auf ähnliche Faktoren zurückzuführen wie bei Abweichungen von der Zinsparität (Transaktionskosten, politisches Risiko, unterschiedliche Besteuerungspraktiken). Hinzu kommt im Fall der Fisher-Parität die Annahme, daß die Erwartungen unter vollkommener Sicherheit gebildet werden. Bei Existenz von Unsicherheit führt zusätzlich auch das Wechselkursrisiko zu Abweichungen von der Fisherparität.

Die Fisherparität und die Zinsparität stimmen überein, wenn der Terminkurs und der zu erwartende Wechselkurs ein und derselbe sind. Dies ist nur dann der Fall, wenn Kontrakte auf dem Terminmarkt nicht mit Risiken behaftet sind. Wenn z. B. Auslandsanlagen im Vergleich zu Inlandsanlagen risikoreicher sind, wird der Terminkurs niedriger liegen als der erwartete zukünftige Kassakurs. Dies folgt daraus, daß der Käufer von Devisen auf dem Terminmarkt ein weniger risikobehaftetes Aktivum gegen ein risikoreiches Aktivum tauscht. Die Kompensation für das eingegangene Risiko nimmt in diesem Fall die Form eines niedrigeren Terminkurses im Vergleich zum erwarteten zukünftigen Kassakurs.

5. Devisenmarkteffizienz

Eine für die Einschätzung der Preisbildung auf den Devisenmärkten relevante Fragestellung lautet, ob diese Märkte als effiziente Märkte bezeichnet werden können. Unter einem effizienten Markt versteht man einen Markt, auf dem die Preise die sämtlich verfügbaren Informationen in jedem Monat vollständig reflektieren. Neu auftauchende Informationen werden auf einem solchen Markt im Hinblick auf ihre Bedeutung für die Kursentwicklung interpretiert und schlagen sich sofort in der Entwicklung des Preises (des Kurses) nieder. Dieses Konzept der Devisenmarkteffizienz hat folgende wichtige Implikationen:

- unübliche, über die Normalverzinsung (Gleichgewichtsertrag) hinausgehende systematische Gewinne können nicht mit Hilfe allgemein zugänglicher Informationen erzielt werden. Jede Möglichkeit systematischer außerordentlicher Gewinne würde bedeuten, daß irgendwelche Informationen existieren, die sich nicht bereits ohne Verzögerung in der Höhe des Kassakurses niedergeschlagen haben. Die Existenz solcher Informationen würde zu einer Diskrepanz zwischen dem laufenden Kassakurs und einem vermeintlichen Gleichgewichtskurs führen, die die Basis für die Verfolgung systematischer ungewöhnlicher Gewinne durch Spekulanten abgeben würde. Eine solche Annahme widerspricht der These der Devisenmarkteffizienz, da sie impliziert, daß Informationen nicht vollständig und sofort rendite-maximierende Marktteilnehmer zu einer entsprechenden Umschichtung ihrer Aktiva veranlassen, so daß Spielräume für außergewöhnliche systematische Gewinne bestehen bleiben können.
- der Terminkurs stellt einen unverfälschten Schätzwert des künftigen Kassakurses dar. Wenn dies nicht der Fall sein sollte, existieren Möglichkeiten für systematische Gewinne auf dem Devisenterminmarkt, was wiederum der Hypothese der Markteffizienz widersprechen würde. Immer dann, wenn Zinsparität erfüllt ist, wird auch der Terminkurs mit dem erwarteten Kassakurs übereinstimmen.

Auf einem effizienten Devisenmarkt kommt es somit nur zu zufälligen, nicht jedoch zu systematischen Abweichungen der tatsächlichen Wechselkurse von einem jeweils näher zu definierenden Gleichgewichtswechselkurs. Diese Aussage hat Implikationen im Hinblick auf die Wechselkursbildung, die in späteren Kapiteln näher untersucht wird.

Literaturhinweise

Aliber, R.Z., Exchange Risk and Corporate International Finance, London and Basingstoke, 1980, Kapitel 2

Einzig, P., A Textbook on Foreign Exchange, London, Toronto, New York, 1966

Graf, G., Zur formalen Theorie des Devisenterminmarktes, Berlin 1971

Heri, E.W., Bestimmungsgründe kurzfristiger Wechselkursfluktuationen, Hamburg 1982

Konrad, A., Zahlungsbilanztheorie und Zahlungsbilanzpolitik, München 1979, Kapitel 3

Levich, R.M., Tests of Forcasting Models and Market Efficiency in the International Money Market, in: Frenkel J.A., Johnson H.C. (eds.), The Economics of Exchange Rates: Selected Studies, London, Amsterdam u.a. 1978, S. 129 ff.

Schneider, E., Zahlungsbilanz und Wechselkurs, Tübingen 1968

Schröder, J., Zur Theorie der Devisenterminmärkte, Berlin 1969

III. Wechselkurstheorien: traditionelle Ansätze

1. Die Kaufkraftparitätentheorie

Eine der ältesten Wechselkurstheorien ist die Kaufkraftparitätentheorie. Sie wurde in der heutigen Version von Gustav Cassel (1918) formuliert. Ihre Ursprünge können jedoch bis ins 16. und 17. Jahrhundert zurückverfolgt werden.

Die Kaufkraftparitätentheorie kommt in zwei Versionen vor. Nach der absoluten Version ist der Wechselkurs gleich dem Quotienten aus dem inländischen und dem ausländischen Geldwert, der Kaufkraft, d.h.

$$w = \frac{L}{L_a}$$

Wobei L den Preis eines Warenkorbes in inländischer und L_a den Preis in ausländischer Währung angibt. Gemäß der weniger restriktiven relativen Version ist die Änderungsrate des Wechselkurses gleich der Differnez aus der Änderungsrate des inländischen und des ausländischen Preisniveaus, d.h.

$$\dot{w} = \dot{P} - \dot{P}_a ,$$

wobei P und P_a Preisindices im In- bzw. Ausland und ein hochgestellter Punkt jeweils die Änderungsrate der entsprechenden Variable angibt.

Die Kaufkraftparitätentheorie stellt eine kausale Beziehung zwischen Preisniveauänderungen im In- und Ausland und dem Wechselkurs der inländischen Währung her. Der gleichgewichtige Wechselkurs muß sich demnach immer dann ändern, wenn sich das relative Preisniveau zum Ausland verändert.

Die Kaufkraftparitätentheorie beruht nach Cassel auf der langfristigen Neutralität des Geldes in einer offenen Volkswirtschaft. Geldmengenausweitungen im In- bzw. Ausland führen zu unterschiedlichen Inflationsraten, die sich in einer entsprechenden Änderung ihrer Wechselkurse niederschlagen. Reale Faktoren bleiben von solchen monetären Entwicklungen unbeeinflußt bzw. ändern sich in einer Weise, daß ihre Wirkungen sich gegenseitig aufheben. In diesem Sinne beschreibt die Kaufkraftparitätentheorie die langfristige Wirkung monetärer Störungen auf den Wechselkurs. Kurzfristig können beträchtliche Abweichungen der Wechselkurse von der Kaufkraftparität vorkommen.

Als Ursachen für die Abweichung des Wechselkurses von der Kaufkraftparität kommen vor allem eine Reihe nicht monetärer Faktoren in Frage. Zu solchen Faktoren zählen z. B.:

- Die mangelnde Funktionsweise internationaler Güterarbitrage aufgrund von Produktdiversifizierung und fehlender Substituierbarkeit zwischen einzelnen Bezugsquellen.
- Die Existenz eines sehr großen Binnensektors, so daß Preisniveauänderungen nicht repräsentativ für die internationale Konkurrenzfähigkeit des betreffenden Landes sind. Ähnliches gilt auch, wenn die Produktivitätsentwicklung im Binnensektor viel stärker ist als im Außensektor.
- Handelsbeschränkungen und Devisenmarktkontrollen bzw. Devisenmarktinterventionen der Zentralbanken.
- Kurz- und langfristige Kapitalbewegungen.

Die Kaufkraftparitätentheorie impliziert, daß der reale Wechselkurs konstant ist. Dies bedeutet, daß die Struktur der in- und ausländischen Volkswirtschaften keinen ausgeprägten Änderungen unterliegen. Wenn dies der Fall ist, werden in inflationären Perioden die internationalen Inflationsdifferenzen zur Hauptdeterminante der Wechselkursentwicklung. Wenn keine bzw. wenig ausgeprägte internationale Inflationsdifferenzen vorliegen oder die jeweiligen Volkswirtschaften tiefgreifenden Strukturwandlungen unterliegen, werden internationale Inflationsdifferenzen keinen nennenswerten Beitrag zur Erklärung von Wechselkursschwankungen liefern können.

2. Das keynesianische Wechselkursmodell

Im Rahmen des keynesianischen Wechselkursmodells wird der Wechselkurs als Ergebnis des Gleichgewichts, von Strömen von Angebot an und Nachfrage nach Devisen auf dem Devisenmarkt, erklärt. Jede Veränderung dieser Ströme verändert den bisherigen gleichgewichtigen Wechselkurs, bis ein neues Gleichgewicht erreicht wird. So würde z. B., ausgehend von einer Gleichgewichtssituation auf dem Devisenmarkt, eine Zunahme des inländischen Volkseinkommens infolge höherer Importe und geringerer Exporte zu einer steigenden Nachfrage nach und einer Abnahme des Angebots an Devisen führen und somit eine Abwertung der heimischen Währung bewirken. Diese in den letzten Jahrzehnten vorherrschende Sichtweise der Wechselkursbestimmung vernachlässigte in der Regel die Kapitalbewegungen, so daß allein die Leistungsbilanztransaktionen für die Veränderungen der Devisenströme und somit letzten Endes des Wechselkurses als ursächlich betrachtet wurden.

Seinen umfassendsten Ausdruck findet das keynesianische Wechselkursmodell im Rahmen des sogenannten Mundell-Fleming-Ansatzes, der neben der Devisenmarktgleichung auch eine Gütermarkt- und eine Geldmarktgleichung enthält und Kapitalbewegungen explizit einbezieht. Das Modell enthält also folgende drei Gleichungen:

$$A(Y,i) + G + X(Y,w) = Y \qquad (1)$$

$$L(Y,i) = \frac{M}{P} \qquad (2)$$

$$X(Y,w) + K(i) = 0 \qquad (3)$$

Die Gleichung (1) beschreibt das Gütermarktgleichgewicht. Die inländische Güterproduktion Y ist gleich der Gesamtnachfrage nach Gütern, bestehend aus der Absorption des privaten Sektors A, der staatlichen Güternachfrage G und dem Außenbeitrag X. i und w bezeichnen den inländischen Zinssatz und den Wechselkurs der heimischen Währung. Die Gleichung (2) beschreibt das

Geldmarktgleichgewicht. Die reale Geldnachfrage L ist gleich dem nominalen Geldangebot M dividiert durch das Preisniveau P. Die Gleichung (3) ist die bekannte Devisenmarktgleichung, gemäß der die Summe aus Nettodevisenzu- und -abflüsse gleich Null ist, so daß die Zahlungsbilanz sich im Gleichgewicht befindet.

Die beiden wichtigsten Annahmen des obigen Modells sind die der starren Güterpreise und die des kleinen Landes, so daß ausländische Zinssätze, Preise und Einkommen als gegeben betrachtet werden können. Im Rahmen des Modells werden die Werte für Y, i und w in der kurzen Periode simultan bestimmt. Folgende Aussagen können im Hinblick auf die Determinanten des Wechselkurses gemacht werden:

- Eine Erhöhung der Geldmenge führt zur Senkung des inländischen Zinssatzes und folglich zu Kapitalexporten. Die steigende Devisennachfrage bewirkt eine Abwertung der heimischen Währung. Die Abwertung ist umso stärker, je drastischer die Kapitalexporte auf die Zinssenkung reagieren.
- Eine Zunahme der staatlichen Güternachfrage bewirkt einerseits eine Zinssteigerung und somit Kapitalimporte, andererseits führt sie jedoch zu einer Verschlechterung der Leistungsbilanz infolge einkommensabhängiger höherer Importe. Die Wirkung auf den Wechselkurs ist daher unbestimmt und hängt bei gegebener marginaler Importquote entscheidend vom Grad der Kapitalmobilität ab. Je höher die Kapitalmobilität ist, umso wahrscheinlicher ist auch die Möglichkeit einer Aufwertung der heimischen Währung.

Im Rahmen des keynesianischen Wechselkursmodells wird der Wechselkurs durch reale Faktoren determiniert. Es sind vor allem Veränderungen des Volkseinkommens und der realen Zinssätze im In- und Ausland, die zu Veränderungen des Wechselkurses führen. Der Wechselkurs hat die Funktion, die sich aus Veränderungen der eben genannten Variablen ergebenden Ströme von Angebot und Nachfrage auf dem Devisenmarkt zum Ausgleich zu bringen.

Das keynesianische Wechselkursmodell weist eine ganze Reihe von Schwächen auf, die vor allem nach den Erfahrungen mit dem seit Beginn der 70er Jahre bestehenden System flexibler Wechselkurse klar zutage getreten sind. So werden Erwartungseffekte aller Art, vor allem solche, die mit Veränderungen des Wechselkurses einergehen, vernachlässigt. Wegen der Beschränkung der Analyse auf die kurze Frist bleiben darüber hinaus auch Vermögenseffekte, die sich z. B. aus Veränderungen des Saldos der Leistungsbilanz ergeben, unberücksichtigt. Umgekehrt ist es fragwürdig, ob internationalen Güterbewegungen in der kurzen Frist die Bedeutung zukommt, die ihnen in diesem Modell zugemessen wird. Gerade Außenhandelsströme reagieren mit beträchtlicher Verzögerung auf relative Preisänderungen. Auch die Annahme konstanter Preise ist in einer inflationären Umwelt wie in den 70er Jahren sehr restriktiv.

Als die wichtigste Schwäche des Modells wird jedoch die stromtheoretische Erklärung von Kapitalbewegungen angesehen. Kapitalbewegungen sind in erster Linie das Ergebnis von Veränderungen des Vermögensbestandes oder einer Substitution zwischen Geld und inländischen Finanzaktiva einerseits und ausländischen Finanzaktiva andererseits. Die Preise, d.h. hier die Wechselkurse werden in diesem Fall durch ein Bestandsgleichgewicht verschiedener international gehandelter Vermögenstitel, d.h. also durch ein Portfoliogleichgewicht bestimmt. Der Wechselkurs stellt sich so ein, daß der ausstehende Bestand an Finanzaktiva als ganzes bereitwillig gehalten wird. Ströme (Kapitalbewegungen pro Zeiteinheit) sind durch Bestandsanpassungen induziert und können daher nicht als die grundlegenden Determinanten des Preisbildungsprozesses betrachtet werden. Es ist sogar wahrscheinlich, daß es als Folge pessimistischer oder optimistischer Erwartungen zu Preisanpassungen kommt, ohne daß das Handelsvolumen davon entsprechend berührt wird. Wenn z. B. aus irgendwelchen Gründen alle Marktteilnehmer der Ansicht sind, daß eine bestimmte Währung überbewertet ist, so wird der Kurs dieser Währung auch ohne nennenswerte Transaktionen fallen. Nur wenn die Auffassungen der Marktteilnehmer in bezug auf den richtigen Wechselkurs stark divergieren, wird es zu hohen Transaktionen kommen. Eine bestandstheoretische Betrachtung ist daher die adäquatere Weise der Analyse von Kapitalbewegungen.

Literaturhinweise

Dornbusch, R., Open Economy Macroeconomics, New York 1980, Chapter 11

Kravis, I.B.; Lipsey, R.E., Price Behavior in the Light of Balance of Payments Theories, in: Journal of International Economics, vol. 8, Nr. 2 1978, S. 193 ff.

Officer, L.H., Purchasing Power Parity and Exchange Rates: Theory, Evidence and Relevance, Greenwich, London 1982

Officer, L.H., The Purchasing-Power-Parity Theory of Exchange Rates: A Review Article, in: IMF, Staff Papers, vol. 23, Nr. 1 1976, S. 1 ff.

Schoofs, V., Flexible Wechselkurse und Zentralbankpolitik, Göttingen 1983

Westphal, H.M., Internationaler Preiszusammenhang und Kaufkraftparitätentheorie, Berlin, München 1980

IV. Wechselkurstheorien: Der Finanzmarktansatz

1. Charakteristika des Finanzmarktansatzes

Eine der unerwarteten und markanten Entwicklungen nach der Einführung flexibler Wechselkurse im Jahre 1973 war die sehr hohe und langfristige Instabilität der Wechselkurse. Dieses Phänomen konnte mit den traditionellen Ansätzen nicht adäquat erklärt werden. Die neue Generation von Modellen, die dieses Verhalten der Wechselkurse erklären sollten, weisen alle eine Reihe von Besonderheiten auf, die sie als finanzmarkttheoretische Modelle charakterisieren. Als Kennzeichen dieser Modelle gelten die folgenden drei Sachverhalte:

- kurfristige Anpassung vollzieht sich in erster Linie über Kapitalbewegungen. Güterströme reagieren kurzfristig kaum bzw. anomal, so daß das kurzfristige Gleichgewicht auf dem Devisenmarkt durch Kapitalverkehrstransaktionen hergestellt wird.
- Kapitalbewegungen resultieren aus Bestandsanpassungsprozessen. Diskrepanzen zwischen aktuellen und wünschenswerten Portfolios führen zu solchen Bestandsanpassungsprozessen.
- Wechselkurse sind ähnlich wie die Preise anderer Aktiva, die mit der Absicht eines Wiederverkaufs gekauft und gehalten werden, wesentlich abhängig von Erwartungen. Wechselkursänderungen sind daher entscheidend durch Revision von Erwartungen determiniert.

2. Erwartungsbildungsprozesse

Die Einbeziehung von Erwartungen erfordert die Kenntnis von Erwartungsbildungsprozessen. Hierzu existieren in der Literatur einige Hypothesen, die hier kurz vorgestellt werden sollen.

2.1. Die extrapolative Erwartungsbildung

Nach dieser Hypothese werden die Entwicklungen der Vergangenheit von den Wirtschaftssubjekten in die Zukunft extrapoliert. Ein gegenwärtig oder in der Vergangenheit beobachtetes Absinken des Wechselkurses führt z. B. dazu, daß auch für die Zukunft mit einem Absinken des Kurses gerechnet wird. Der erwartete Wechselkurs w^e_{t+1} ist in diesem Fall gleich der Summe aus dem gegenwärtig herrschenden Wechselkurs w_t und der erwarteten Wechselkursveränderung. Die erwartete Wechselkursveränderung läßt sich formalmäßig folgendermaßen definieren:

$$w^e_{t+1} = w_t + \alpha_1 (w_t - \bar{w}_{t-1}) , \text{ wobei } \alpha_1 < 1$$

$\bar{w}_{t-1}$ wird als ein gewichteter Durchschnitt der in der Vergangenheit herrschenden Kurse berechnet, wobei die Kurse der jüngsten Vergangenheit ein höheres Gewicht erhalten als die weiter in der Vergangenheit liegenden Werte.

2.2. Die regressive Erwartungsbildung

In diesem Fall erwarten die Wirtschaftssubjekte, daß bei einem fallenden Wechselkurs der Kurs in Zukunft wieder steigen wird und umgekehrt. Dies ergibt sich daraus, daß die Wirtschaftssubjekte genaue Vorstellungen über einen normalen Wechselkurs besitzen. Abweichungen von diesem normalen Kurs werden als vorübergehend und daher als umkehrbar betrachtet.

Der erwartete Wechselkurs setzt sich in diesem Fall aus dem gegenwärtigen Wechselkurs und einem Bruchteil der Differenz zwischen dem normalen Kurs und dem herrschenden Wechselkurs zusammen:

$$w^e_{t+1} = w_t + \alpha_2 (\bar{w} - w_t) , \text{ wobei } \alpha_2 < 1$$

Dabei kann $\bar{w}$ als gewichteter Durchschnitt vergangener Wechselkurse definiert werden. Dies ist jedoch nicht zwingend. Man kann sich daher auch vorstellen, daß $\bar{w}$ aufgrund eines Vergleichs der Entwicklung von Produktion. Preisen, Kosten und Zinsen geschätzt wird.

2.3. Die adaptive Erwartungsbildung

Diese Hypothese geht davon aus, daß die Wirtschaftssubjekte einem ständigen Lernprozeß unterliegen. Bei neu gebildeten Kurserwartungen werden die Prognoseirrtümer der Vergangenheit korrrigierend miteinbezogen. Der erwartete Wechselkurs ist in diesem Falle gleich dem für die laufende Periode erwartete Wechselkurs, korrigiert um den vollen oder einen Bruchteil des erfahrenen Prognoseirrtums, d.h.:

$$w_{t+1}^{e} = w_{t}^{e} + ß\,(w_{t} - w_{t}^{e})\ , \text{ wobei } ß \leq 1$$

Die bisher dargestellten Erwartungsbildungstypen werden zusammengenommen als autoregressive Erwartungsbildung gekennzeichnet. Problematisch an diesen Hypothesen ist, daß sie alle davon ausgehen, daß ausschließlich Vergangenheitswerte die Erwartungsbildung beeinflussen. Falls jedoch Wirtschaftssubjekte irgendwelche Vorstellungen über die Determinanten der Wechselkurse besitzen, werden nicht nur Vergangenheitswerte,sondern auch die voraussichtliche Entwicklung dieser Determinanten die Erwartungen im Hinblick auf die zukünftigen Kurse beeinflussen. Fraglich ist auch, ob die Erwartungsbildung so mechanistisch verläuft, wie es diese Hypothesen postulieren und ob es nicht zu Korrekturen des Erwartungsbildungsprozesses selbst kommt. Dies dürfte vor allem im Fall adaptiver Erwartungen zutreffen, wo unterstellt wird, daß es trotz Lernfähigkeit permament zur Enttäuschung von Erwartungen kommt, ohne daß irgendwelche Folgerungen im Hinblick auf die Erwartungsbildung daraus gezogen werden.

2.4. Rationale Erwartungsbildung

Im Gegensatz zu autoregressiven Ansätzen geht die rationale Erwartungshypothese davon aus, daß alle im Prognosezeitpunkt relevanten Informationen, d.h. die Erwartungswerte all jener Variablen in den Erwartungsbildungsprozeß eingehen, die als

Determinanten des Wechselkurses in Frage kommen. Diese von den Wirtschaftssubjekten benutzten Informationen über strukturelle Zusammenhänge der Wechselkursbildung sind identisch mit den relevanten Zusammenhängen im Rahmen der Wechselkurstheorie. Insofern verfügen die Wirtschaftssubjekte über eine Wechselkurstheorie. Die Erwartungen sind rational, wenn die prognostizierten Werte den Prognosen der Wechselkurstheorie entsprechen.

Rationale Erwartungen brauchen nicht immer zuzutreffen. Prognoseirrtümer sind allerdings auf Faktoren zurückzuführen, über die z. Z. der Prognose keine Informationen vorlagen. Sobald jedoch solche Faktoren bekannt werden, die einen systematischen Charakter haben, wird deren Einfluß bei den folgenden Prognosen berücksichtigt. Sie werden m.a.W. in das Wechselkursmodell integriert. Gemäß der eben genannten Definition ist die Hypothese der rationalen Erwartungsbildung mit der Hypothese des effizienten Marktes identisch. Auf einem solchen Markt schlagen sich im gegenwärtigen Preis (Wechselkurs) alle für den zukünftigen Preis (Wechselkurs) relevanten Informationen nieder. Preisveränderungen sind somit Folge neu auftauchenden Informationen (news). Neue Informationen haben die Eigenschaft, daß sie unvorhersehbar und zugleich unabhängig sind von früher bereits erfahrenen Informationen. Mit anderen Worten: neue Informationen treffen die Wirtschaftssubjekte auf eine zufällige Weise. Die sich als Folge neuer Informationen ergebenden Preisveränderungen (Wechselkursänderungen) auf den effizienten Märkten sind daher genauso zufällig und unvorhersehbar, d.h. statistisch unabhängig voneinander. Sie entsprechen einem "Random Walk". Die "Random-Walk"-Hypothese wird üblicherweise benutzt, um die Börsenpreisbildung zu beschreiben. Wenn man davon ausgeht, daß auch der Devisenmarkt einen effizienten Markt bildet, kann diese Hypothese auch zur Beschreibung des Verhaltens flexibler Wechselkurse verwendet werden.

Problematisch an der Hypothese rationaler Erwartung ist die Vernachlässigung der Tatsache, daß Sammeln, Analysieren und Verarbeiten von Informationen Kosten verursacht. Es ist insofern anzunehmen, daß ökonomisch rational handelnde Wirtschaftssubjekte nur nach einer optimalen Höhe der Informiertheit streben, d.h. zusätzliche Informationen nur sammeln und verwerten, wenn der Grenzertrag größer ist als die Grenzkosten. Unter den üblichen Annahmen kommt der Prozeß zum Ende, bevor ein Zustand vollkommener Informiertheit erzielt worden ist. Bei optimaler Informiertheit sind jedoch Prognosefehler möglich und die Entwicklung des Wechselkursverlaufs in der Vergangenheit wird zu einer Quelle der Information, die für Prognosezwecke ausgenutzt werden kann. Damit ist jedoch auch die statistische Unabhängigkeit einzelner Wechselkursveränderungen nicht mehr gewährleistet und es kann daher zu Abweichungen vom 'Random Walk' kommen.

2.5. Statische und preisdynamische Erwartungsbildung

Hingewiesen sei hier auch auf zwei weitere oft in der Literatur anzutreffende Hypothesen. Die Hypothese statischer Erwartungsbildung geht davon aus, daß der gegenwärtige Wechselkurs auch in Zukunft gelten wird. Die Hypothese unterstellt den Wirtschaftssubjekten eine permanente Lernunfähigkeit. Plausibel ist sie nur unter der selten anzutreffenden Bedingung, daß der Wechselkurs für längere Zeit eine hohe Stabilität aufweist.

Bei preisdynamischer Erwartungsbildung haben fundamentale Determinanten des Wechselkurses keinen Einfluß auf die Erwartungen. Diese werden vielmehr durch Gerüchte, Meinungen, Behauptungen etc. dominiert. Eine zufällige Veränderung des Wechselkurses, einmal in Gang gesetzt, nährt sich von selbst, da sie als Signal wirkt und die Erwartung weiterer Wechselkursänderungen in dieselbe Richtung auslöst (Band-Wagon-Effekt). Bei der preisdynamischen Erwartungsbildung handelt es sich um eine plausible und populäre ad-hoc-Hypothese ohne theoretische Fundierung.

3. Das monetäre Wechselkursmodell mit sofortiger Preisanpassung

Als erstes Modell des Finanzmarktansatzes soll hier das monetäre Modell mit sofortiger Preisanpassung dargestellt werden. Charakteristisch für dieses Modell ist die Annahme perfekter Substitution zwischen in- und ausländischen finanziellen Aktiva und zwischen in- und ausländischen Gütern. Die Weltwirtschaft wird demgemäß als ein vollkommen integriertes Gebilde betrachtet. Die Kaufkraftparität ist durch permanente Güterarbitrage zu jedem Zeitpunkt erfüllt. Das Modell besteht in einer einfachen Version aus folgenden drei Gleichungen:

$$M = P \cdot L(Y, i)$$

$$M_a = P_a \cdot L_a(Y_a, i_a)$$

$$w = \frac{P}{P_a}$$

Die ersten beiden Gleichungen sind die bekannten Geldmarktgleichgewichtsbedingungen für Inland und Ausland. Die dritte Gleichung gewährleistet die Gültigkeit der Kaufkraftparität. Aus den ersten Gleichungen können P und P_a berechnet und in die dritte Gleichung eingesetzt werden. Dann erhält man:

$$w = \frac{M \cdot L_a(Y_a, i_a)}{M_a \cdot L(Y, i)}$$

Der Wechselkurs ist im monetären Modell mit sofortiger Anpassung (d.h. bei ständiger Gültigkeit der Kaufkraftparität) durch die relativen Geldangebote und Geldnachfragen beider Länder determiniert. Durch die Gegebenheiten auf dem Geldmarkt werden die jeweiligen Preisniveaus bestimmt, die ihrerseits den Wechselkurs bestimmen. Eine Erhöhung des inländischen Geldangebots genauso wie eine höhere Geldnachfrage im Ausland führen nach den unterstellten Zusammenhängen zur Abwertung der heimischen Währung, während es umgekehrt bei Erhöhungen des Geldangebots im Ausland bzw. der Steigerung der Geldnachfrage im Inland zu einer Aufwertung der heimischen Währung kommt. Der Wechselkurs weist jeweils diejenige Höhe auf, bei der die existierenden Bestände beider Währungen freiwillig gehalten werden.

Obwohl die Gütermarktseite im monetären Modell explizit nicht berücksichtigt ist, beeinflussen reale Faktoren durchaus auch in diesem Modell den Wechselkurs. Die Wirkung realer Faktoren auf den Wechselkurs erfolgt jedoch immer indirekt über die Beeinflussung der Geldnachfrage. So führt z. B. ein Anstieg des inländischen Volkseinkommens zu einer höheren Geldnachfrage, niedrigerem Preisniveau und somit zu einer Aufwertung der inländischen Währung.

Einige Ergebnisse des monetären Modells stehen im Gegensatz zum keynesianischen Wechselkursmodell. So führt z. B. ein Anstieg des inländischen Volkseinkommens im monetären Modell zu einer Aufwertung, während er im keynesianischen Modell zu einer Abwertung führt. Im Fall einer inländischen Zinssteigerung kommt es im Keynesianischen Modell zu einer Aufwertung, während es im monetären Modell wegen der Reduzierung der Geldnachfrage und nachfolgender Preissteigerung zu einer Abwertung kommt. Diese unterschiedlichen Ergebnisse ergeben sich aus den unterschiedlichen Annahmen der Modelle. Im monetären Modell sind wegen der Annahme vollständiger Integration der Kapitalmärkte, die in- und ausländischen Realzinssätze identisch. Möglich sind nur Nominalzinsdifferenzen, die unterschiedliche Inflationserwartungen widerspiegeln. Im Keynesianischen Modell sind Zinssatzänderungen dagegen auf Änderungen in der Geldpolitik zurückzuführen und erlauben daher Unterschiede zwischen in- und ausländischen Realzinssätzen.
Das monetäre Wechselkursmodell stellt zwar gegenüber der Kaufkraftparitätentheorie eine Verbesserung dar, da nunmehr die Preisveränderungen durch die Bedingungen auf den Geldmärkten erklärt werden. Es weist trotzdem einige wichtige Mängel auf. So läßt sich die kurzfristige Gültigkeit der Kaufkraftparitätentheorie empirisch kaum bestätigen. Darüber hinaus ist

für das Modell die Existenz einer stabilen Geldnachfragefunktion wesentlich. Auch dies ist eine Frage, die nur empirisch festgestellt werden kann. Restriktiv sind auch die Annahmen der Vollbeschäftigung und des "kleinen" Landes. Dadurch werden Volkseinkommen genauso wie der Zinssatz zu Variablen, die im Modell nicht bestimmt, sondern vorgegeben sind. Die Annahme der Vollbeschäftigung ergibt sich aus dem längerfristigen Charakter des Modells, was die Möglichkeit nach unten starrer Nominallöhne nicht zuläßt. Das Modell kann damit z. T. die langfristigen Bestimmungsgründe des Wechselkurses herausarbeiten, es ist jedoch in dieser Form kaum geeignet, eine Antwort auf die Frage nach den Ursachen der hohen kurzfristigen Schwankungen der Wechselkurse zu geben.

Auch im Rahmen des monetären Modells mit sofortiger Preisanpassung ist es allerdings möglich, kurzfristige Wechselkursschwankungen zu erklären, wenn Wechselkurserwartungen als Bestimmungsfaktor der Geldnachfrage sowie die Rolle von Informationen bei der Erwartungsbildung berücksichtigt werden. Zu diesem Zweck geht man im Rahmen des monetären Modells von der Annahme rationaler Erwartungen aus. Diese Annahme impliziert, daß der gegenwärtige Wechselkurs von den gegenwärtigen und erwarteten zukünftigen Werten der Bestimmungsfaktoren des Wechselkurses im Rahmen des monetären Modells abhängig ist. Wechselkursveränderungen spiegeln gemäß der Hypothese effizienter Märkte neue Informationen wieder. Die Wechselkursbildung erfolgt ähnlich wie auf Aktienmärkten und weist daher hohe kurzfristige Schwankungen auf. Dies ist eine allgemeine Eigenschaft effizienter Märkte. Im Zusammenhang mit dem monetären Modell ist jedoch hervorzuheben, daß die neuen Informationen sich auf die Variablen beziehen, die in diesem Modell für die Wechselkursbildung relevant sind. Dies sind vor allem das Geldangebot und die relevanten Variablen, die die Geldnachfrage im In- und Ausland determinieren.

4. Das monetäre Wechselkursmodell mit verzögerter Preisanpassung (Dornbusch-Modell)

Das monetäre Wechselkursmodell mit verzögerter Preisanpassung gibt die empirisch kaum haltbare Annahme der kurzfristigen Gültigkeit der Kaufkraftparitätentheorie auf. Kaufkraftparitäten werden jedoch weiterhin als Bestimmungsfaktoren des langfristigen gleichgewichtigen Wechselkurses betrachtet. Auch die Annahme perfekter Substituierbarkeit in- und ausländischer zinstragender Aktiva wird beibehalten. Entscheidend ist dabei, daß die in- und ausländischen Zinssätze trotz perfekter Kapitalmobilität voneinander differieren können. Auch wenn der ausländische Zinssatz niedriger als der inländische Zinssatz sein sollte, werden Portfoliobesitzer sich gegenüber Anlagen in beiden Währungen immer dann indifferent verhalten, wenn der inländische Zinsvorteil durch Abwertungserwartungen der inländischen Währung gerade ausgeglichen wird. Die Gleichgewichtsbedingung für ungedeckte Zinsarbitrage (Fisher-open) lautet dann:

$$i = i_a + u \qquad (1)$$

wobei u die erartete Abwertungsrate der heimischen Währung bezeichnet. Die Wechselkurserwartungen werden rational gebildet. Die Wirtschaftssubjekte erwarten, daß der Wechselkurs sich proportional zu der Differenz zwischen dem ihnen bekannten langfristigen Gleichgewichtswechselkurs $\bar{w}$ und dem aktuellen Kurs w, beide in Logarithmen ausgedrückt, abwertet. D. h. also:

$$u = \theta\,(\bar{w} - w) \qquad (2)$$

Wobei θ den Anpassungskoeffizienten bezeichnet.

Die reale Geldnachfrage ist eine Funktion des realen Einkommens und des Zinssatzes. D. h.:

$$\frac{M}{P} = f(Y, i)$$

wobei M die Geldmenge und P das Preisniveau bezeichnen.

Die Gleichgewichtsbedingung auf dem Geldmarkt in logarithmischer Schreibweise lautet daher:

$$m - p = - \lambda i + \emptyset \bar{y} \qquad (3)$$

wobei der output $\bar{y}$ als gegeben angenommen wird. λ gibt die Zinselastizität und $\emptyset$ die Einkommenselastizität der Geldnachfrage an.

Aus der Kombination der Gleichungen (1) bis (3) ergibt sich die kurzfristige Gleichgewichtsbedingung für den Finanzmarkt:

$$m - p = - \lambda i_a - \lambda \theta (\bar{w} - w) + \emptyset \bar{y} \qquad (4)$$

Im langfristigen Gleichgewicht ist bei gegebener Geldmenge, gegebenem Zinssatz und gegebenem Output annahmegemäß $\bar{w} = w$, so daß gilt:

$$m - \bar{p} = - \lambda i_a + \emptyset \bar{y} \qquad (5)$$

Wenn man nun die Gleichung (5) von der Gleichung (4) abzieht, ergibt sich als Diskrepanz zwischen kurz- und langfristigem Gleichgewicht die für das Modell entscheidende Gleichung (6) bzw. (6a)

$$p - \bar{p} = \lambda \theta (\bar{w} - w) \qquad (6)$$

oder

$$w = \bar{w} - (1/\lambda \theta)(p - \bar{p}) \qquad (6a)$$

Die Gleichung (6a) ist im Schaubild 1 als den Geraden AA dargestellt. Bei gegebenem $\bar{p}$ und steigendem p fällt w unter sein langfristiges Niveau $\bar{w}$. Dies folgt daraus, daß bei steigendem p die reale Kassenhaltung abnimmt und der Zinssatz steigt. Die Gleichheit der Erträge in- und ausländischer finanzieller Aktiva wird daraufhin durch die Zunahme von Abwertungserwartungen wiederhergestellt. Die Zunahme von Abwertungserwartungen impliziert einen Fall des Kassakurses im Vergleich zum langfristigen Gleichgewichtskurs.

Schaubild 1

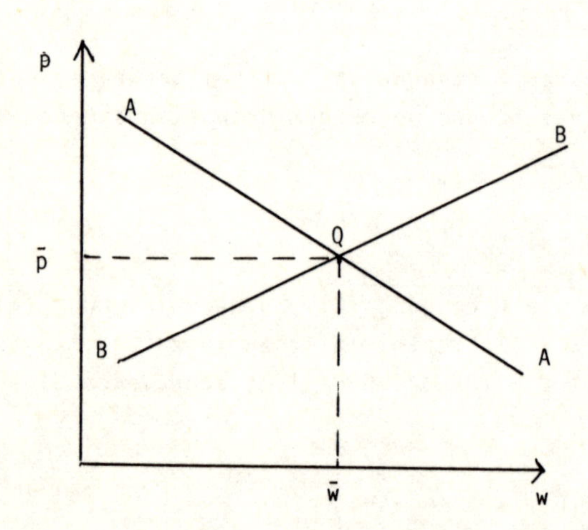

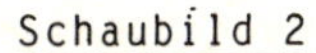
Schaubild 2

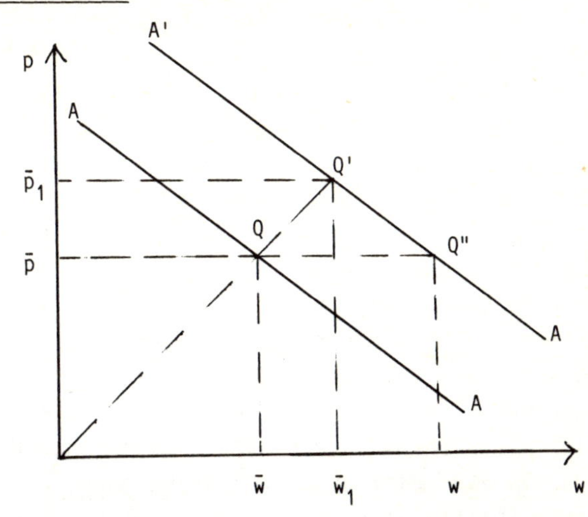

Bisher wurde die Situation auf den Finanzmärkten dargestellt. Auf dem Gütermarkt wird davon ausgegangen, daß der Output gegeben ist. Weil in- und ausländische Güter keine vollständigen Substitute darstellen, ist es möglich, reale Faktoren zur Erklärung des Preisniveaus heranzuziehen. Es wird daher im folgenden davon ausgegangen, daß die Preise proportional zur Überschußnachfrage auf den Gütermärkten steigen. Die Linie BB, bei der die Änderungsrate der Preise gleich Null ist, ist ebenfalls in Schaubild 1 eingezeichnet. Der Verlauf dieser Kurve ergibt sich aus folgender Überlegung: Ausgehend von einem bestimmten Punkt auf der Kurve würde eine Preisniveausteigerung zu einem Angebotsüberschuß führen. Der Angebotsüberschuß ergibt sich zum einen aus dem Nachfragerückgang im Inland, da steigende Preise die reale Kassenhaltung mindern und den Zinssatz steigen lassen. Zum anderen verschlechtert sich das relative Preisverhältnis zum Ausland, so daß auch die Auslandsnachfrage abnimmt. Zum Ausgleich muß es zu einer Abwertung kommen, d. h. w muß steigen, BB ist daher positiv geneigt. Da die Abwertung nicht nur die negativen Effekte auf die Auslandsnachfrage, sondern auch den negativen Effekt der Zinssatzsteigerung ausgleichen muß, fällt sie proportional stärker aus als die Preissteigerung. Die BB-Kurve verläuft flacher als eine Gerade durch den Ursprung.

Das dargestellte Modell kann nun benutzt werden, um den Anpassungsprozeß nach einer autonomen Erhöhung der Geldmenge darzustellen. Bei einer nicht antizipierten Erhöhung der Geldmenge werden Wirtschaftssubjekte mit rationalen Erwartungen sofort erkennen, daß die langfristigen Gleichgewichtsniveaus von Preisen und Wechselkurs sich proportional zur Geldmenge erhöhen werden. In Schaubild 2 ist diese neue Gleichgewichtssituation mit Q'' bezeichnet worden. Bei der Analyse der kurzfristigen Situation wird eine wichtige Annahme des Modells deutlich. Es wird nämlich davon ausgegangen, daß die Güterpreise kurzfristig starr sind und sich daher nur allmählich der Geldmengenerhöhung anpassen. Kurzfristig können daher Preise als konstant betrachtet werden. Die Ungleichgewichtssituation kann kurzfristig daher als Folge der kurzfristig realen Zunahme der Geldmenge nur auf dem Geldmarkt behoben werden. Der Zinssatz wird folglich fallen. Infolge rationaler Erwartungen kommt es zugleich zu einer Abwertung der heimischen Währung. Kurzfristig kommt es sogar zu einem Überschießen des Wechselkurses. Die Abwertung geht weit über das langfristig erforderliche Niveau hinaus. Dieser Sachverhalt ergibt sich aus der Notwendigkeit des Arbitragegleichgewichts gemäß Gleichung (1). Der Zinsnachteil im Inland muß durch Aufwertungserwartungen ausgeglichen werden. Eine übermäßige Abwertung im Vergleich zum neuen Gleichgewichtswechselkurs führt eben zu solchen Aufwertungserwartungen, die ein Halten der heimischen Währung ermöglichen.

Das Ausmaß des Überschießens des Wechselkurses ist umso größer, je kleiner die Preis- und Zinselastizitäten der Nachfrage und die Zinselastizität der Geldnachfrage sind. Je höher die Preis- und Zinselastizitäten der Nachfrage sind, umso schneller erfolgt die Preisanpassung. Bei unendlich hohen Elastizitäten ist die Anpassungsgeschwindigkeit auf Gütermärkten unendlich hoch, so daß das Preisniveau momentan seinen langfristigen Wert erreicht und es daher überhaupt nicht zu einem Überschießen des Wechselkurses kommt. Je geringer die Zinselastizität der Geldnachfrage ist, umso stärker ist die Zinssenkung auf dem Geldmarkt und folglich auch die notwendige Wechselkursanpassung, damit die höhere reale Geldmenge nachgefragt wird.

Langfristig betrachtet kommt es allerdings zu einer Anpassung der Preise. In Q" ist die Situation auf den Gütermärkten durch Überschußnachfrage gekennzeichnet. Sie ergibt sich zum einen aus dem niedrigen Zinnsatz, der die inländische Nachfrage belebt und aus der Abwertung, die die ausländische Nachfrage anregt. Das Preisniveau steigt entlang AA' solange bis das langfristige Gleichgewicht in Q' mit $\bar{p}_1$ und $\bar{w}_1$ erreicht ist.

Das Dornbusch-Modell zeigt, daß flexible Wechselkurse trotz rationaler Erwartungsbildung und vollkommener Information (Kenntnis des langfristigen Gleichgewichtskurses) kurzfristig instabil sein können. Die Ursache dafür sieht das Modell in der unterschiedlichen Anpassungsgeschwindigkeit auf Finanz- und Gütermärkten. Im Gegensatz zum monetären Modell mit sofortiger Preisanpassung ist im Dornbusch-Modell der reale Wechselkurs kurzfristig variabel und kehrt erst langfristig zu seinem Ausgangswert zurück.

Problematisch ist am Modell von Dornbusch die asymmetrische Behandlung von Preis- und Wechselkurserwartungen. Die Anbieter auf Gütermärkten bilden keine Erwartungen im Hinblick auf das zukünftige Niveau der Preise und reagieren ausschließlich auf Änderungen der aggregierten Gesamtnachfrage, während über die zukünftige Entwicklung des Wechselkurses von den Wirtschaftssubjekten rationale Erwartungen gebildet werden. Empirisch spricht jedoch einiges für diese Annahme, da es durchaus Anhaltspunkte für eine weit schnellere Anpassungsfähigkeit der Finanz- im Vergleich zu Gütermärkten existieren.

5. Das Portfoliomodell

Im Gegensatz zu den monetären Modellen wird im Portfolio-Modell die Annahme perfekter Substituierbarkeit in- und ausländischer zinstragender Aktiva aufgegeben. Im Hinblick auf Laufzeit und Ausstattung sind vergleichbare in- und ausländische finanzielle Aktiva mit unterschiedlich hohen Risiken behaftet. Die Anleger sind risikoscheu und verlangen für die Anlage in solchen Aktiva eine Prämie zum Ausgleich eingegangener Risiken. Fisher-open gilt in diesem Fall nicht mehr. Zu dem Zinsdifferential muß eine Risikoprämie hinzukommen, damit die Anleger sich gegenüber in- und ausländischen Anlagen indifferent verhalten.

Wir gehen im folgenden davon aus, daß kurzfristig Güterpreise starr sind. Die Kaufkraftparität gilt also nur langfristig.[1] Das reale volkswirtschaftliche Finanzvermögen W setzt sich zusammen aus inländischem Geld M, inländischen Staatsschuldtiteln B und ausländischen Wertpapieren H. Es wird ferner angenommen, daß ausländische Wirtschaftssubjekte keine inländischen Finanzaktiva halten.
Es gilt also:

$$W = M + B + w \cdot H$$

Die Gleichgewichtsbedingungen für einzelne Finanzmärkte sind dann:

$$M = m\,(\overset{-}{i}, \overset{-}{i_a}, \overset{-}{\alpha})\,W$$

$$B = b\,(\overset{+}{i}, \overset{-}{i_a}, \overset{-}{\alpha})\,W$$

$$wA = h\,(\overset{-}{i}, \overset{+}{i_a}, \overset{+}{\alpha})\,W$$

wobei i den inländischen, i_a den ausländischen Zinssatz und α den erwarteten Abwertungssatz (bzw. $-\alpha$ den erwarteten Aufwer-

1) Das Modell stammt von Branson (1977). Die Analyse der Erwartungen geht auf die Arbeit von Claassen (1980) zurück.

tungssatz) darstellen. Die Plus- und Minuszeichen beschreiben die jeweiligen funktionalen Zusammenhänge. Der ausländische Zinssatz wird als gegeben angenommen. m,b, und h bezeichnen die jeweiligen Nachfragekoeffizienten.

Wir gehen zunächst von statischen Erwartungen aus, α wird also gleich Null gesetzt. Aufgrund der Vermögensgleichung sind nur zwei der drei Gleichgewichtsbedingungen unabhängig bestimmbar und ergeben die Werte für i und w. Die drei Gleichgewichtsbedingungen sind unter den gemachten Annahmen im Schaubild 3 graphisch eingezeichnet worden.

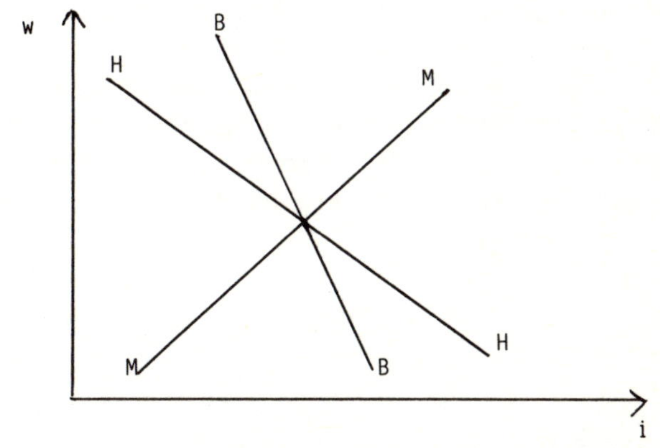

Die MM-Gerade ist positiv geneigt. Wenn w steigt, nimmt das Vermögen zu und somit auch die Nachfrage nach allen finanziellen Aktiva. Ein höherer Zinssatz ist notwendig, um die gestiegene Geldnachfrage mit dem festen Geldangebot ins Gleichgewicht zu bringen. Ähnlich wird die gestiegene Nachfrage nach inländischen Staatsschuldtiteln mit dem kurzfristig gegebenen Angebot durch Kurssteigerungen bzw. Zinssenkungen in Einklang gebracht. Die BB-Gerade weist daher eine negative Steigerung auf. Der negativ geneigte Verlauf der HH-Kurve ergibt sich aus folgender Überlegung. Eine Zinssteigerung im Inland führt zu einem Rückgang der Nachfrage nach ausländischen Titeln. Der Angebotsüberschuß wird nur beseitigt, wenn w fällt. In der geringeren Steigerung der HH-Gerade gegenüber der BB-Gerade kommt die plausible Annahme zum Ausdruck, daß die Nachfrage nach inländischen Titeln stärker auf Variationen des inländischen Zinssatzes reagiert als die Nachfrage nach ausländischen Wertpapieren.

Im folgenden soll zunächst die Wirkung einer Offenmarktoperation untersucht werden. Wir nehmen an, daß die Zentralbank inländische Titel in Höhe von ΔB aufkauft, so daß:

$$\Delta B = -\Delta M$$

Als Folge dieser Operation werden sich die Wirtschaftssubjekte zu den ursprünglichen Werten von i und w mit einem Überschußangebot an Geld und einer Überschußnachfrage nach inländischen Staatsschuldtiteln konfrontiert sehen. Als Folge wird der Zinssatz fallen und die nachgefragte Menge nach inländischen Titeln steigen. Der niedrige Zinssatz wird die Nachfrage nach ausländischen Titeln anregen und zu einer Abwertung der heimischen Währung führen. Im neuen kurzfristigen Gleichgewicht ist i niedriger und w höher als vorher. Im Schaubild 4 sind diese Zusammenhänge dargestellt.

Schaubild 4

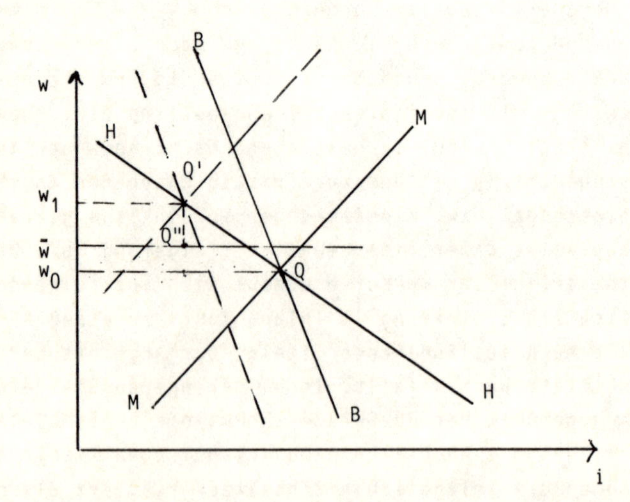

Von der Offenmarktoperation bleibt die HH-Kurve unberührt. Die MM- und BB-Kurven verschieben sich dagegen nach links, da bei jedem w-Wert ein niedriger i-Wert notwendig ist, damit auf den beiden Märkten das Gleichgewicht wiederhergestellt wird (dies kann anhand der funktionalen Zusammenhänge in den Gleichgewichtsgleichungen leicht festgestellt werden). Im neuen Portfoliogleichgewicht Q' ist i niedriger und w höher als im ursprünglichen Gleichgewicht Q.

Das Ausmaß der Abwertung ist offensichtlich umso größer, je weiter sich als Folge einer bestimmten Geldmengenausweitung die MM-Kurve nach links verschiebt und je steiler die HH-Kurve verläuft. Die entscheidenden Variablen hierbei sind die Zinselastizität der Geldnachfrage und die Elastizität der Nachfrage nach ausländischen Papieren im Hinblick auf den inländischen Zinssatz (Substitutionsgrad zwischen in- und ausländischen Wertpapieren). Die Abwertung ist umso stärker, je zinsunelastischer die Geldnachfrage und je höher der Substitutionsgrad ist. Es kann also durchaus in Abhängigkeit von den erwähnten Elastizitäten zu einem kurzfristigen Überschiessen des Wechselkurses über sein langfristiges Niveau gemäß der Kaufkraftparitätentheorie kommen.

Der Anpassungsprozeß ist jedoch im neuen kurzfristigen Gleichgewichtspunkt Q' noch nicht zu Ende. Unter der Annahme, daß in Q der Leistungsbilanzsaldo Null war, führt die Abwertung - falls die Marshall-Lerner-Bedingungen erfüllt sind - zu Überschüssen in der Leistungsbilanz, so daß der Bestand an ausländischen Wertpapieren, d. h. H zunimmt. Um ihre Portfolios anzupassen, verkaufen die Wirtschaftssubjekte ihre überschüssigen ausländischen Wertpapiere und drücken so den Wechselkurs nach unten. Die Aufwertung der heimischen Währung und die allmählich einsetzende Steigerung des Preisniveaus, führen beide zu einer Verschlechterung der inländischen Wettbewerbsfähigkeit, so daß die Leistungsbilanzüberschüsse allmählich abgebaut werden. Zu diesen Überschüssen gehören neben Nettoexporten auch Zinseinnahmen aus dem Ausland infolge des gestiegenen ausländischen Wertpapierbestandes. Das relative

Preisverhältnis verschlechtert sich zuungunsten des Inlandes solange, bis diese Überschüsse vollständig abgebaut und der Leistungsbilanzsaldo von neuem Null beträgt.

Bisher sind wir von statischen Erwartungen ausgegangen. Im folgenden sollen nacheinander adaptive und rationale Erwartungen in die Analyse einbezogen werden. Bei adaptiver Erwartungsbildung prognostizieren die Wirtschaftssubjekte den ursprünglichen Gleichgewichtskurs w_0 auch für die zukünftige Periode. Nach der Beobachtung von w_1 (vgl. Schaubold 4) als Folge der Geldmengenausweitung korrigieren sie ihre Erwartungen um einen Bruchteil des Prognoseirrtums. Der erwartete Wechselkurs w^e beträgt also:

$$w^e = w_0 + \beta\,(w_1 - w_0)$$

$$= \beta w_1 + (1 - \beta)\, w_0$$

Die Abwertungserwartung α ist definiert als:

$$\alpha = \frac{w^e - w_1}{w_1}$$

oder

$$\alpha = \frac{\beta w_1 + (1 - \beta)\, w_0 - w_1}{w_1}$$

$$\alpha = (1 - \beta)\,\frac{w_0 - w_1}{w_1}$$

Da $w_1 > w_0$, liegt somit eine erwartete Aufwertung der inländischen Währung vor. Anhand der drei Gleichgewichtsbedingungen für die Finanzmärkte kann folgendes festgestellt werden: Bei Aufwertungserwartungen nimmt die Nachfrage nach inländischem Geld zu. Zur Dämpfung der Überschußnachfrage nach Geld muß i steigen. Die MM-Kurve im Schaubild 4 verschiebt sich folglich nach rechts. Ähnlich kann auch festgestellt werden, daß die BB- und HH-Kurve sich nach links verschieben. Der neue Schnittpunkt liegt etwa bei Q". Adaptive Erwartungen führen also dazu, daß die ursprüngliche Abwertung sich abschwächt. Sie wirken also stabilisierend.

Auch rationale Erwartungen erweisen sich als stabilisierend. In diesem Fall kennen die Wirtschaftssubjekte den sich nach Ablauf aller Anpassungsvorgänge gemäß Kaufkraftparitätentheorie einstellenden Wechselkurs $\bar{w}$. Der erwartete Wechselkurs beträgt in diesem Fall:

$$w^e = w_1 + \gamma\,(\bar{w} - w_1)$$

$$= \gamma\,\bar{w} + w_1(1 - \gamma)$$

und $$\alpha = \frac{w^e - w_1}{w_1}$$

daher $$\alpha = \frac{\gamma\bar{w} + (1 - \gamma)\,w_1 - w_1}{w_1}$$

oder $$\alpha = \gamma\,\frac{\bar{w} - w_1}{w_1}$$

Da $w_1 > \bar{w}$, liegt in diesem Fall auch eine Aufwertungserwartung vor und der Wechselkurs wird ähnlich wie im Fall adaptiver Erwartungen zurückgehen.

An dieser Stelle sei auch auf einige Schwächen des eben dargestellten Modells hingewiesen. Diese betreffen zum einen die Definition des Vermögens, die nur finanzielle Vermögensformen umfaßt. Obwohl vom Gesichtspunkt einer kurzfristigen Analyse durchaus gerechtfertigt, sollte ein vollständiges Portfoliomodell auch Prozesse der Realkapitalanpassung, die auf mittlere und längere Sicht bedeutsam sind, berücksichtigen. Zum anderen vernachlässigt die Analyse Vermögensdispositionen von ausländischen Wirtschaftssubjekten, obwohl im Fall kleinerer Länder solche Dispositionen für die Entwicklung des Wechselkurses von entscheidender Bedeutung sein können. Vernachlässigt wird in Portfoliomodellen im allgemeinen auch die Tatsache, daß Ungleichgewichte auf Finanzmärkten nicht nur durch Preis-, sondern auch durch mengenmäßige Anpassungsprozesse beseitigt werden können. Die Annahme der kurzfristigen Konstanz der Bestände aller finanziellen Aktiva kann zumindest empirisch, wie z. B. bei Beständen ausländischer Wertpapiere, nicht immer als gerechtfertigt betrachtet werden.

6. Währungssubstitutionsmodelle

In den bisherigen Modellen wurde von der in der monetären Außenwirtschaftstheorie allgemein üblichen Annahme ausgegangen, daß inländische Wirtschaftssubjekte kein ausländisches Geld halten. Diese Annahme ist angesichts der zunehmenden Internationalisierung der Weltwirtschaft in letzter Zeit von einigen Autoren aufgegeben worden. Es wird daher davon ausgegangen, daß Inländer neben dem inländischen auch ausländisches Geld halten. Ähnlich wie im Fall des inländischen Geldes kann auch das Halten ausländischen Geldes mit Transaktions- und Wertaufbewahrungsmotiven begründet werden. Als bedeutsam für das Halten ausländischen Geldes wird in erster Linie die Wertaufbewahrungsfunktion und somit die Renditeerwartung betrachtet. Da Geld im Gegensatz zu anderen Finanzaktiva keinen Zins trägt, beziehen sich die Renditeerwartungen allein auf erwartete Wechselkursänderungen.

Unter den eben gemachten Annahmen wird die Variabilität der Wechselkurse umso stärker sein, je stärker der Substitutionsgrad zwischen in- und ausländischen Geldern ist. Wenn eine Währung an Attraktivität verliert, kommt es zu Abwertungserwartungen, die zu Umschichtungen von Portfolios führen und somit Änderungen der Wechselkurse auslösen.
Wenn man davon ausgeht, daß die Kaufkraftparitätentheorie Gültigkeit besitzt, so wird die erwartete Änderungsrate des Wechselkurses gleich der erwarteten Änderungsrate der jeweiligen Inflationsraten sein. Wenn man weiter davon ausgeht, daß die

Inflationsraten durch das Überschußangebot auf den jeweiligen Geldmärkten determiniert sind, so werden in erster Linie die Ungleichgewichte auf den Geldmärkten im In- und Ausland den Wechselkursverlauf bestimmen. Die empirischen Implikationen eines solchen Währungssubstitutionsmodells sind also denen des monetären Modells mit sofortiger Preisanpassung sehr ähnlich.

Währungssubstitution kann auch in ein übliches Portfoliomodell integriert werden, indem eine zusätzliche Gleichgewichtsbedingung für ausländisches Geld formuliert wird, in der die einheimische Nachfrage nach ausländischem Geld spezifiziert wird.

Wenn die Wirtschaftssubjekte diversifizierte Geldbestände halten, wird die Geldnachfragefunktion in einzelnen Ländern nicht mehr als eine stabile Funktion inländischer Variablen betrachtet werden können. In der Geldnachfragefunktion tauchen auch Argumente auf, die von inländischen Behörden weder kontrolliert noch vorausgesehen werden können. Dieser Sachverhalt hat wichtige geldpolitische Implikationen, deren Bedeutung allerdings vom Grad der Währungssubstitution abhängig ist.

Literaturhinweise

Baltensperger, E./Böhm, P., Stand und Entwicklungstendenzen der Wechselkurstheorie - Ein Überblick -, in: Aussenwirtschaft Heft II/III, 1982, S. 13 ff.

Bilson, J.F.O., Recent Developments in Monetary Models of Exchange Rate Determination, in: Staff Papers, vol. 26, Nr. 2, 1979, S. 201 ff.

Branson, W.H., Asset Markets and Relative Prices in Exchange Rate Determination, in: Sozialwissenschaftliche Annalen, Bd.1, 1977, S. 69 ff.

Brehm, H., Devisenspekulation und Wechselkursschwankungen, Würzburg 1979 (Diss.)

Classen, E-M., Grundlagen der Geldtheorie, 2. Aufl., Berlin, Heidelberg, New York 1980, Kapitel 11, S. 382-421.

Dornbusch, R., Open Economy Macro-economics, New York 1980.

Dornbusch, R., Exchange Rate Economics: Where Do We Stand? in: Brookings papers on Economic Activity, Nr. 1 1980, S. 143 ff.

Hacche, G., The Determinants of Exchange Rate Movements, OECD Working Papers, Nr. 7, June 1983.

Heri, E.W., Bestimmungsgründe kurzfristiger Wechselkursfluktuationen, Hamburg 1982.

Ohr. R., Internationale Interdependenz nationaler Geld- und Gütermärkte bei flexiblen Wechselkursen, Hamburg 1980.

Schoofs, V., Flexible Wechselkurse und Zentralbankpolitik, Göttingen 1983.

Sell, E., Vermögens- und erwartungstheoretische Kritik dynamischer Finanzmarktmodelle der Wechselkurserklärung, Frankfurt a.M., Bern, 198'.

Shafer, J.R./Loopesko, B.E., Floating Exchange Rates after Ten Years, in: Brooking Papers on Activity,Nr. 1, 1983, S. 1 ff.

V. Wechselkursänderungen, Außenhandelsströme und Inflation

1. Wechselkursänderungen und Außenhandelsströme

1.1. Kurz- und langfristige Reaktion der Außenhandelsströme

Reale Wechselkursänderungen verändern das relative Preisverhältnis zwischen in- und ausländischen Gütern. Von einer realen Aufwertung der inländischen Währung wird erwartet, daß sie über die Verteuerung inländischer und die Verbilligung ausländischer Güter die inländische Wettbewerbsposition verschlechtert. Umgekehrt wird von einer realen Abwertung eine Verbesserung der inländischen Wettbewerbsposition erwartet. Das Ausmaß der Wirkung von Wechselkursänderungen auf die Außenhandelsströme ist von den jeweiligen Export- und Importpreiselastizitäten der Nachfrage abhängig. Normalerweise existiert eine beachtliche Diskrepanz zwischen kurzfristigen (bis zu einem Jahr) und langfristigen (1 bis 3 Jahre) Elastizitäten. Kurzfristige Elastizitäten sind in der Regel geringer. Als Folge davon reagieren die Außenhandelsströme auf reale Wechselkursänderungen kurzfristig sehr wenig oder überhaupt nicht. Kurzfristig kann es sogar zu einer anomalen Reaktion der Handelsbilanz kommen, so daß Defizite als Folge einer realen Abwertung und Überschüsse nach erfolgter Aufwertung zunehmen können.

Zur Erklärung der kurzfristigen Reaktion der Außenhandelsströme auf reale Wechselkursänderungen existieren zwei Hypothesen:

(a) Einfluß erwarteter Wechselkursänderungen

Die erste Hypothese geht vom Einfluß erwarteter Wechselkursänderungen auf das Volumen der Importe aus. Eine reale Abwertung macht zwar Importe in heimischer Währung teurer. Falls jedoch die Importeure weitere Abwertungen erwarten, werden sie ihre Käufe augenblicklich steigern, um nicht in Zukunft bei noch höheren Preisen kaufen zu müssen. Umgekehrt wird ein Importeur, der Aufwertungen erwartet, neue Käufe auf einen späteren Zeitpunkt verschieben, um in den Genuß niedrigerer Preise zu kommen. Im Falle einer Abwertung nehmen somit kurzfristig die Defizite, bei einer Aufwertung die Überschüsse zu.

(b) J-Kurveneffekt

Die zweite Hypothese, der sog. J-Kurveneffekt, postuliert einen anomalen Effekt von Wechselkursänderungen auf den Wert der Außenhandelsströme in heimischer Währung. Danach passen sich die Importpreise als Folge einer Wechselkursänderung sofort an, während die Exportpreise und das Handelsvolumen erst allmählich auf die veränderten Wechselkurse reagieren. Im Falle einer Abwertung steigt somit sofort der Wert der Importe in heimischer Währung. Die Handelsbilanz verschlechtert sich somit. Erst nach der allmählichen Anpassung der Exportpreise in ausländischer Währung und des Handelsvolumens kehrt sich die Situation um, bis eine Verbesserung der Handelsbilanz eintritt. Umgekehrt kommt es im Falle einer Aufwertung zunächst zu einer Verbesserung und erst allmählich zu einer Verschlechterung der Handelsbilanz.

1.2. Einfluß von Realeinkommensänderungen und Absorption

Bei der Analyse des Einflusses von Wechselkursänderungen auf die Außenhandelsströme muß immer im Auge behalten werden, inwiefern die zu erwartenden Wirkungen durch Veränderungen anderer Variablen verstärkt oder abgeschwächt werden können. Bedeutend in dieser Hinsicht sind vor allem reale Einkommensänderungen. Aufgrund kurzfristig geringer Preiselastizitäten werden die Wirkungen realer, zyklischer Einkommensänderungen im In- und Ausland auf die Außenhandelsströme in der kurzen Frist in der Regel dominierend sein. Immer dann, wenn die inländische Wachstumsrate die des Auslandes übersteigt, wird es in der Regel zu einer Verschlechterung der Handelsbilanz kommen. Umgekehrt verbessert sich bei einer unterdurchschnittlichen heimischen Wachstumsrate im Vergleich zum Ausland die Handelsbilanz. Auch bei parallelen Schwankungen des Realeinkommens im In- und Ausland kann es zu Handelsbilanzungleichgewichten kommen, wenn die Einkommenselastizitäten im In- und Ausland unterschiedlich groß sind.

Bei der Beurteilung des Einflusses der relativen Wachstumsraten auf die Handelsbilanz müßten in bestimmten Fällen die vom Absorptionsansatz hervorgehobenen Zusammenhänge beachtet werden, die eine Abweichung von der obengenannten Regel bedeuten können. Der Absorptionsansatz betont, daß der Saldo der laufenden Posten definitionsgemäß nicht allein vom Einkommen, sondern vielmehr von der Differenz zwischen Einkommen und Ausgaben abhängt. Die Bilanz der laufenden Posten entspricht demnach der Differenz zwischen Ersparnissen (privat und öffentlich) und den Investitionen. Die Wirkung einer Wechselkursänderung auf die Außenhandelsströme hängt daher letzten Endes davon ab, wie sich gleichzeitig die Absorption verändert. Theoretisch kann auch eine im Vergleich zum Ausland schneller wachsende Volkswirtschaft ihre Leistungsbilanz verbessern, wenn gleichzeitig - aus welchen Gründen auch immer - die Absorption zurückgeht.

1.3. Nicht-Preisfaktoren und reale Wechselkursänderungen

Gemäß neuerer Außenhandelstheorien äußert sich die internationale Wettbewerbsfähigkeit bei verarbeiteten Produkten nicht allein in der Fähigkeit durch niedrige Angebotspreise eine von der Struktur her gegebene Weltmarktnachfrage auf sich zu ziehen, sondern vor allem auch in der Schaffung von Nachfrage für neue Produkte durch Produktinnovationen, Marketingstrategien, attraktive Angebotsbedingungen usw. Internationale Konkurrenz erfolgt somit in mehreren Dimensionen, von denen die Preiskonkurrenz nur die eine und nicht immer die wichtigste Dimension darstellt. Reale Wechselkursänderungen üben jedoch direkt nur auf die Preiskonkurrenz einen Einfluß aus und können daher nicht immer den Weltmarktanteil eines Landes entscheidend beeinflussen.

Indirekt können reale Wechselkursänderungen sogar den erwünschten Effekt der Preiskonkurrenz mehr als kompensieren. So kann z. B. eine Abwertung durch Verbesserung aktueller Absatzbedingungen sich negativ auf Nichtpreisfaktoren auswirken, d.h. die Innovationsfähigkeit behindern und zur Vernachässigung des

Kundendienstes, der Marketingstrategie etc. führen. Kurzfristig verbesserte Wettbewerbsbedingungen führen in diesem Falle langfristig betrachtet geradezu zum Verlust internationaler Konkurrenzfähigkeit. Niedrige Preise, die scheinbar eine verbesserte Konkurrenzposition anzeigen, sind in Wahrheit Ausdruck einer Anpassung der Produktionspalette in Richtung standardisierter Produkte (down-trading).

Ein solcher negativer Zusammenhang zwischen Abwertungen und Nicht-Preiskonkurrenz auf internationalen Märkten ist jedoch nicht zwingend. Es könnte nämlich argumentiert werden, daß die durch die Abwertung ermöglichten höheren Gewinne den Unternehmen gerade die Möglichkeit bieten, neue Produkte zu entwickeln. Sie werden somit instand gesetzt, ihre Produktpalette laufend zu erneuern und inferiore Produkte auszusondern (up-trading).

Die Wirkung realer Wechselkursänderungen auf die Nicht-Preiskonkurrenz ist somit nicht eindeutig bestimmbar. Sie dürfte entscheidend von strukturellen Faktoren abhängig sein, die die Innovationsfähigkeit des industriellen Sektors determinieren. Bei einem Land, das zur Aufrechterhaltung seiner internationalen Wettbewerbsfähigkeit immer wieder auf Abwertungen zurückgreifen muß, dürften solche Abwertungen aller Wahrscheinlichkeit nach seine Konkurrenzfähigkeit im Bereich von Nicht-Preisfaktoren mindern. Umgekehrt dürfte ein Land, das im Bereich von Nicht-Preisfaktoren über eine hohe internationale Wettbewerbsfähigkeit verfügt, durch Aufwertungen kaum seine Innovationsfähigkeit verlieren, sondern sie vielmehr zur Überwindung der eingetretenen Preisnachteile eher verstärken.
Da die Wirkung von Wechselkursänderungen in diesem Falle von der Innovationskapazität mitbestimmt wird, brauchen Abwertungen und Aufwertungen einer bestimmten Währung nicht entgegengesetzte Effekte auszulösen. Im Falle eines Landes mit einer schwachen Innovationskapazität würde eine Abwertung preismäßige Konkurrenzvorteile mit sich bringen und die Konkurrenzfähigkeit im Bereich der Nicht-Preisfaktoren mindern. Eine Aufwertung würde dagegen zu preismäßigen Nachteilen führen, ohne jedoch ent-

scheidende Impulse im Bereich der Nicht-Preiskonkurrenz auslösen zu können. Bei Vorliegen einer hohen Innovationskapazität würden Abwertungen zu einer verbesserten Preiskonkurrenz führen, ohne dadurch Nachteile im Bereich der Nicht-Preisfaktoren zu bewirken. Aufwertungen würden dagegen preismäßige Konkurrenznachteile durch Auslösung innovatorischer Impulse mehr als ausgleichen. Reale Wechselkursänderungen könnten somit langfristig betrachtet, Ungleichgewichte in den Handelsbilanzen vergrößern anstatt sie zu beseitigen.

2. Wechselkursänderungen und Inflation

Reale Wechselkursänderungen sind identisch mit nominalen Wechselkursänderungen, wenn die Inflationsraten sich nicht verändern. In der Regel werden jedoch nominale Wechselkursänderungen von gleichzeitigen Änderungen des Preisniveaus begleitet. Zu Veränderungen realer Wechselkurse kommt es nur dann, wenn diese Preisveränderungen nicht ausreichen, um die nominalen Wechselkursänderungen vollständig zu kompensieren. Eine für die Wirtschaftspolitik relevante Frage lautet, inwiefern die Flexibilität der Wechselkurse selbst eine Ursache der Inflation darstellt. Der Beantwortung dieser Frage dienen einige Argumentationsketten, die im folgenden dargestellt und diskutiert werden sollen.

2.1. Das Disziplin-Argument

Eines der ältesten Argumente in diesem Zusammenhang ist das sog. Disziplin-Argument. Es besagt, daß in einem System flexibler Wechselkurse aufgrund schwächerer wirtschaftspolitischer Disziplin die Inflation höher liegt als in einem System fixer Wechselkurse. Diese Ansicht wird folgendermaßen begründet: Bei fixen Wechselkursen wird ein Land, das höhere Inflationsraten hinnimmt als sein Handelspartner, Zahlungsbilanzdefizite erleiden und internationale Reserven verlieren. Da eine Abwertung hohe politische Kosten mit sich bringt, existiert ein starker Zwang, durch die Restriktion der aggregierten Nachfrage die Inflationsrate auf das Inflationsniveau der Handelspartner zu reduzieren. Der Verlust von Devisenreserven zwingt somit zur wirtschaftspolitischen Disziplin und zur Akzeptanz unpopulärer Maßnahmen der Inflationsbekämpfung. In einem System flexibler Wechselkurse - so das Argument - existiert ein solcher Zwang nicht. In diesem Falle führt eine hohe Inflationsrate zu einer Abwertung der Währung. Die Zahlungsbilanz ist zugleich im Gleichgewicht. Es existiert daher kein außenwirtschaftlicher Druck, um die Inflationsrate zu senken. Die Inflationsrate wird folglich in einem System flexibler Wechselkurse im Durchschnitt höher sein als in einem System fixer Wechselkurse.

Gegen das Disziplin-Argument können auf verschiedenen Ebenen Einwände vorgebracht werden:

- Die Annahme, daß unter einem System fixer Wechselkurse wegen hoher politischer Kosten Abwertungen vermieden werden, läßt sich empirisch nicht bestätigen. Unter dem Bretton-Woods-System kam es z. B. in vielen Ländern häufig zur Anpassung der Wechselkurse. Der eigentliche Vergleich müßte also im Hinblick auf die Inflationsgefahren einiger weniger größerer und vieler kleinerer Wechselkursänderungen stattfinden.
- In einem System fixer Wechselkurse stellen Reserveverluste nur dann einen Disziplinierungsgrund dar, wenn die internationale Liquidität restriktiv gehandhabt wird und nicht z. B. durch internationale Kreditaufnahmen leicht verfügbar ist.
- Auch wenn die Unterschiede in Inflationsraten zwischen verschiedenen Ländern in einem System fixer Wechselkurse geringer sein sollten als in einem System flexibler Wechselkurse, stellte dieser Tatbestand keineswegs eine Bestätigung für die Hypothese mangelnder Freiheit bei der Durchsetzung unterschiedlicher Inflationspräferenzen. Die geringere Streuung von Inflationsraten in einem fixen Wechselkurssystem wäre nämlich auch mit alternativen Hypothesen wie z. B. einem

stärkeren Transmissionsmechanismus der Inflationsraten, größerer Konvergenz der Produktivitätsentwicklung oder höherem Grad internationaler Integration vereinbar.

- Wie bereits diskutiert, führen auch starke Wechselkursänderungen zumindest kurzfristig nicht zu einem Gleichgewicht in der Bilanz der laufenden Posten. Aus diesem Grunde wird die Wirtschaftspolitik auch in einem System flexibler Wechselkurse von der außenwirtschaftspolitischen Seite her nicht ohne Einschränkungen handeln können.
- Auch unter einem System flexibler Wechselkurse kann von einem Zwang zur Disziplin gesprochen werden. Inflationäre Politiken führen nämlich hier zu einer Abwertung, die eine Zusätzliche Erhöhung des Preisniveaus bewirkt. Infolgedessen wird sich die Erkenntnis durchsetzen, daß die Kaufkraft des inländischen Einkommens - gemessen an Preisen ausländischer Güter - ständig abnimmt. Es wird sich daraufhin ein starker Druck auf die Träger der Wirtschaftspolitik ergeben, um ihre inflationäre Politik zu beenden.

Die eben aufgeführten Überlegungen zeigen, daß das Disziplin-Argument nicht ohne weiteres einleuchtend ist. In der Tat hängt die Bereitschaft einzelner Länder, die Inflation zu bekämpfen, letzten Endes von anderen Faktoren ab als vom Wechselkurssystem. Zu diesen Faktoren zählen z. B. historische Erfahrungen mit der Inflation, institutionelle Bedingungen (Organisationsform der Gewerkschaften, Indexierung u.ä.) und die Effektivität ihrer geld- und fiskalpolitischen Instrumente.

2.2. Sperrklinken-Hypothese

Nach dieser Hypothese verursacht Wechselkursflexibilität Inflation, weil die Preise nach unten starr sind. Abwertungen führen zu Preiserhöhungen im abwertenden Land, während es im aufwertenden Land nicht zu Preissenkungen kommt. Das Preisniveau ist daher unter einem flexiblen Wechselkurssystem in einzelnen Ländern wie für die Weltwirtschaft im ganzen höher als unter einem fixen Wechselkurssystem. So würde z. B. die Abwertung einer bestimmten Währung um einen bestimmten Prozentsatz im Zeitpunkt t_1 und eine nachfolgende Aufwertung um denselben Prozentsatz im Zeitpunkt t_2 (z. B. nach einem Jahr) eine inflationäre Wirkung für das Land haben. Entsprechend wird auch das Weltpreisniveau höher liegen.

Die Sperrlinken-Hypothese beruht auf der Aussage, daß im Falle von Aufwertungen es nicht oder nicht in genügendem Ausmaß zu Preissenkungen kommt. Hierfür gibt es zwei weit verbreitete Begründungen. Die eine Begründung beruht auf der sog. Mundell-Laffer-These, gemäß der der Integrationsgrad der Weltwirtschaft einen solchen Grad erreicht hat, daß die Güterarbitrage für die Gültigkeit des Gessetzes des einen Preises (Law of one Price) sorgt. Der inländische Preis ergibt sich nach diesem Gesetz aus der Multiplikation des jeweiligen Weltmarktpreises mit dem Wechselkurs. Wenn es nun zu einer Wechselkursänderung kommt, wird das Gesetz des einen Preises eine entsprechende Anpassung der Preise erfordern. Da im abwertenden Land die Produzenten einen Verlust der internationalen Kaufkraft ihrer Einkommen vermeiden wollen und die Preise und Geldlöhne hier im Vergleich zum aufwertenden Land viel schneller reagieren, erfolgt die Anpassung der Preise hauptsächlich in diesem Land. Die sofortige Anpassung der Preise im abwertenden Land läßt keinen Spielraum für Preissenkungen im aufwertenden Land. Diese Asymmetrie der Preisanpassung verursacht somit Inflation.

Während die Annahme der Rigidität der Preise nach unten in der Regel mit der Existenz von Gewerkschaften begründet wird, ist es nicht unmittelbar einsehbar, warum im Falle einer Aufwertung die Preise nicht sinken sollten. Eine Aufwertung führt auf jeden Fall zur Senkung der Importpreise und somit zu einer Steigerung der Gewinne im Importsektor. Sofern innerhalb des Importsektors und zwischen ihm und den importsubstituierenden Sektoren Konkurrenz vorherrschen würde, wäre eine Preisanpassung nach unten kaum vermeidbar. Darüber hinaus beruht die These auf der Gültigkeit des Gesetzes des einen Preises. Dies ist eine extreme Annahme, die bisher nicht verifiziert werden konnte.

Eine zweite Begründung der Sperrklinken-Hypothese beruht auf der Existenz von Preisänderungskosten. Es wird davon ausgegangen, daß die Unternehmen wegen der Existenz solcher Kosten nicht dauernd Preisänderungen vornehmen, sondern sich nur dann hierzu entschließen, wenn die Kosten- und Nachfrageänderung als permanent betrachtet werden können. Da - so die These - Importpreisrückgänge im Vergleich zu Preiserhöhungen als temporär gelten, kommt es im aufwertenden Land nicht zu Preisanpassungen. Unproblematisch ist auch diese Begründung nicht. Es ist z. B. nicht einsehbar, warum Importpreisrückgänge nicht genauso gut wie Importpreissteigerungen als permanent gelten sollten. Dies wäre nur dann plausibel, wenn Abwertungen der Normalfall und Aufwertungen nur transitorische Phänomene wären. Dies kann jedoch in einem flexiblen Wechselkurssystem nicht ohne weiteres behauptet werden.

Zusammenfassend kann die Schlußfolgerung gezogen werden, daß auch die Sperrklinken-Hypothese keinen eindeutigen Beweis dafür liefert, daß ein flexibles Wechselkurssystem inflationär sein muß. Die Ursache der Inflation sind in diesen Ansätzen auch weniger die Wechselkursänderungen als solche, als vielmehr das Preissetzungsverhalten der Unternehmen.

2.3. Kumulative Prozesse der Abwertung und Inflation

Als eine weitere Folge flexibler Wechselkurse wird die Auslösung von kumulativen Prozessen von Abwertung und Inflation (vicious circle) bzw. Aufwertung und Deflation (virtuous circle) gesehen. Im Falle einer Abwertung steigen sofort die Importpreise in der inländischen Währung. Die dadurch bedingte Kostensteigerung führt zur Erhöhung der Preise inländischer Güter, die ihrerseits Lohnsteigerungen verursacht. Die Zunahme der Lohnkosten führt zu weiteren Preissteigerungen mit Nachteilen für die internationale Wettbewerbsfähigkeit. Als Folge des inflationären Prozesses kommt es daher erneut zu einer Abwertung, die Kostensteigerungen verursacht. Der Zyklus beginnt somit von neuem. Wenn der Prozeß einmal in Gang gesetzt ist, können Inflationserwartungen den Prozeß noch weiter beschleunigen. Umgekehrt führt eine Aufwertung zu Importpreissenkungen, einem Rückgang der Inflationsrate und zu erneuter Aufwertung.

Fragwürdig bleibt, ob solche Prozesse flexiblen Wechselkursen angelastet werden können. Nach einer weit verbreiteten Meinung sind Abwertung und Inflation beide das Ergebnis gemeinsamer Ursachen, insbesondere einer exzessiven Erhöhung der Geldmenge. Sehr wahrscheinlich ist, daß flexible Wechselkurse den zeitlichen Abstand zwischen Geldmengenerhöhungen und Preissteigerungen verkürzen und so zu einem steileren Verlauf der sog. kurzfristigen Phillipskurve beitragen. Obwohl empirisch nach Abwertungen ein beschleunigter Inflationsprozeß einsetzt, kann von einer kausalen Beziehung zwischen den beiden Faktoren nicht gesprochen werden, wenn beide auf gemeinsame Faktoren zurückzuführen sind.

Inwieweit die Preise nach einer Abwertung steigen, wird von Land zu Land sehr verschieden sein. Der Zusammenhang wird entscheidend durch Faktoren wie den Anteil der Importe an den Gesamtausgaben, die Elastizität der Geldlöhne in bezug auf Preissteigerungen und die Elastizität der Preise in bezug auf Lohnsteigerungen bestimmt. Kleine, relativ offene Volkswirtschaften dürften daher am ehesten von inflationären Tendenzen im Zuge von Wechselkursänderungen betroffen sein.

Langfristig betrachtet lösen Prozesse kumulativer Abwertung und Inflation auch Gegentendenzen aus, die imstande sind, den Prozeß zu bremsen bzw. zu beenden. Die allgemeine Inflation im abwertenden Land mindert nämlich den Wert der Realkasse und führt zu einer Überschußnachfrage nach Geld. Die Ausgaben nehmen infolgedessen ab, so daß es zu geringeren Importen und zu einer Aufwertungstendenz kommt. Stabilisierend können sich auch die Wechselkurserwartungen auswirken. Entscheidend in dieser Hinsicht sind die längerfristigen Aussichten der Geld- und Fiskalpolitik im abwertenden Land. Sofern damit gerechnet wird, daß eine stabilitätsgerechte makroökonomische Politik formuliert und durchgesetzt wird, kann es sehr schnell zu einer Stabilisierung bzw. Aufwertung des Wechselkurses kommen.

Ob ein Prozeß kumulativer Abwertung und Inflation lange andauern kann, hängt entscheidend davon ab, ob er geldpolitisch abgesichtert wird. Ohne eine ständige Ausweitung der Geldmenge würde ein solcher Prozeß sehr schnell zu einem Ende kommen. Dies ist auch der Fall, wenn die ursprüngliche Abwertung nicht die Folge einer Geldmengenausweitung ist, sondern auf eine exogene erratische Wechselkursänderung zurückgeführt werden kann und somit außerhalb der Kontrolle des betreffenden Landes liegt.

Die geldpolitische Absicherung eines Prozesses der Abwertung und Inflation braucht allerdings nicht immer das Ergebnis einer fehlerhaften Wirtschaftspolitik zu sein. Sofern die Alternative zur Senkung der Inflationsrate in der Ausweitung der Arbeitslosigkeit besteht, deren Kosten als zu hoch angesehen werden, findet die Ausweitung der Geldmenge ihre Ursache in der wirtschaftspolitisch erwünschten Vermeidung der Arbeitslosigkeit. Die Neigung, die Geldmenge auszuweiten, ist umso größer, je höher die Kosten der Arbeitslosigkeit im Vergleich zu denen der Inflation eingeschäftzt werden , je kurzfrsitiger die Wirtschaftspolitik angelegt ist und je stärker Zinssatzziele gegenüber Geldmengenzielen in der geldpolitischen Konzeption bevorzugt werden. Obwohl die Wirtschaftspolitik es grundsätzlich in der Hand hat, kumulative Prozesse der Abwertung und Inflation zu vermeiden, wird sich in der Praxis die Kontrolle solcher Prozesse nicht als unproblematisch erweisen.

Literaturhinweise

1. Artus, J.R., Fixed and Flexible Exchange Rates: A Renewal of the Debate, in: IMF, Staff Papers, vol. 26, Nr. 4, Dec. 1979, S. 654 ff.

2. Bond, M.E., Exchange Rates, Inflation, and vicious Circles, in: IMF, Staff Papers, vol. 27, Nr. 4, Dec. 1980, S. 679 ff.

3. Goldstein, M., Have Flexible Exchange Rates Handicapped Macroeconomic Policy?, Special Papers in International Economics, Nr. 14, June 1980, Princeton University, Department of Economics, Princeton N. J. 1980

4. Kaldor, N., The Effects of Devaluations on Trade in Manufactures, in: ders., Further Essays on Applied Economics, London 1978, S. 99 ff.

5. Posner, M.; Steer, A., Price Competitireness and the Performence of Manufacturing Industry, in: Blackaby F. (ed.), Deindustrialisation, London 1979, S. 141 ff.

6. Willett, T.D.,; Wolf, M., The Vicious Circle Debate: Some Conceptual Distinctions, in: Kyklos, Vol. 36, 1984 - Fasc. 2, S. 231 ff.

VI. Wechselkurspolitik

1. Gründe für eine aktive Wechselkurspolitik

Unabhängig davon wie im einzelnen eine Wechselkurspolitik gestaltet werden sollte, stellt sich zunächst die Frage, ob eine aktive Wechselkurspolitik in einem System flexibler Wechselkurse sinnvoll bzw. notwendig ist. Ganz generell können die Argumente für eine aktive staatliche Wechselkurspolitik in drei Gruppen eingeteilt werden. Im folgenden sollen diese Argumente nacheinander untersucht werden.

1.1. Hohe Fluktuation der Wechselkurse

Ein erstes Argument für eine aktive Wechselkurspolitik könnte sich aus der Tatsache ergeben, daß flexible Wechselkurse sehr hohen Schwankungen unterliegen und daß solche Schwankungen negative allokative Wirkungen haben. Die Erfahrungen seit der Einführung des 'Floatings' 1973 bestätigen die hohe Instabilität flexibler Wechselkurse. Eine IWF-Studie faßt diese Erfahrungen folgendermaßen zusammen (IMF, 1984, S. 5):

> "Exchange rate variability has been substantial. This statement applies to both nominal and real exchange rates, both bilateral and effective rates, and both short-term and longer-term horizons. Exchange rate variability has been significantly greater then it was under the adjustable par value system and greater than variability in national price levels but less then the variabiblity of other assets".

Diese Feststellung ist unabhängig davon, wie im einzelnen die Variabilität der Wechselkurse gemessen wird.

Die Kosten dieser hohen Variabilität der Wechselkurse werden üblicherweise in einer Beeinträchtigung des Welthandels gesehen. Die hohe Fluktuation der Preise schafft demnach eine große Unsicherheit und erhöht die Transaktionskosten infolge notwendig gewordener Absicherungsmaßnahmen gegen Wechselkursrisiken auf den Terminmärkten. Eine andere Wirkung der hohen

Fluktuation besteht in der Substitution von Exporten durch Direktinvestitionen, um die infolge der Wechselkursinstabilität gestiegene Unsicherheit zu umgehen. Beide Effekte existieren durchaus. Quantitativ dürften sie jedoch kaum ins Gewicht fallen. Empirisch konnte bisher nämlich eine spürbare Beeinträchtigung des Welthandels infolge der Wechselkursvariabilität nicht nachgewiesen werden. Die genannten Effekte dürften jedoch dort groß sein, wo - wie im Fall vieler Entwicklungsländer - keine ausgebauten Devisenterminmärkte zur Verfügung stehen. Die hohe Fluktuation der Wechselkurse liefert somit für die Industrieländer keine ausreichende Basis für eine aktive Wechselkurspolitik.

1.2. Misalignment

Ein weiteres Argument für eine aktive Wechselkurspolitik liefert das Misalignment. Gemeint ist damit eine lang andauernde Abweichung des Wechselkurses von seinem langfristigen gleichgewichtigen Niveau. Bei der Beurteilung dieses Arguments muß zunächst der langfristige gleichgewichtige Wechselkurs definiert werden, danch ist zu überprüfen, ob eine lang andauernde Abweichung des Wechselkurses von einem so definierten langfristigen Niveau wahrscheinlich ist.

Traditionellerweise wird als der langfristige gleichgewichtige Wechselkurs derjenige Wechselkurs betrachtet, der der Kaufkraftparität entspricht. Wenn z. B. seit der Basisperiode das Preisniveau im Inland im Vergleich zum Ausland um 10 v.H. gestiegen ist, so wird davon ausgegangen, daß der gleichgewichtige Wechselkurs sich um 10 v.H. abgewertet hat. Eine geringere oder höhere Abwertung des Wechselkurses würde dementsprechend eine Über- bzw. Unterbewertung der heimischen Währung bedeuten.

Die eben dargestellte Vorgehensweise hat zwei wichtige Nachteile. Zum einen muß die Basisperiode so gewählt werden, daß man von einem generellen Gleichgewicht der Weltwirtschaft ausgehen kann. Dies dürfte streng genommen nie zutreffen.

Um dieses Problem zu umgehen, könnte allerdings anstatt des Wechselkurses zu einem bestimmten Zeitpunkt der durchschnittliche reale effektive Wechselkurs über eine längere Periode als Basis gewählt werden. Weit problematischer ist die Tatsache, daß gemäß der Kaufkraftparitätentheorie der reale Wechselkurs als konstant betrachtet wird. Alle realen Faktoren, die eine Änderung des Wechselkurses bewirken, bleiben somit unberücksichtigt.

Eine alternative Vorgehensweise schlägt Williamson vor (Williamson, 1983). Er definiert den fundamental gleichgewichtigen Wechselkurs als denjenigen, der für eine bestimmte Periode erwartungsgemäß einen Saldo der laufenden Posten hervorruft, der den grundlegenden Kapitalbewegungen über den Zyklus entspricht, wobei das Land das Ziel des 'internen Gleichgewichts' ernsthaft verfolgt und aus Zahlungsbilanzgründen keine Außenhandelsrestriktionen einführt.

Obwohl diese Definition die Nachteile der Kaufkraftparitätentheorie vermeidet, existiert auch hier keine objektive Basis für die Beurteilung der Frage, ob ein so berechneter Wechselkurs tatsächlich dem fundamental gleichgewichtigen Wechselkurs entspricht. Dies rührt daher, daß für subjektiv unterschiedliche Schätzungen viel Raum übrig bleibt. Wie hoch die 'grundlegenden Kapitalbewegungen' sind und ob das 'interne Gleichgewicht' ernsthaft verfolgt wird, dürfte nicht immer konsensfähig sein.

Auch wenn ein ungefähres Einverständnis über die Höhe des fundamental gleichgewichtigen Wechselkurses erzielt werden könnte, so wäre dann die Frage zu untersuchen, ob der Marktkurs über längere Zeiten von diesem gleichgewichtigen Wechselkurs abweichen würde. Dies würde z. B. dann der Fall sein, wenn man davon ausgehen könnte, daß die Devisenmärkte nicht effizient funktionieren, d.h. die Marktkurse nicht den Einfluß aller relevanten Informationen widerspiegeln. Hierfür können mehrere Ursachen vorhanden sein. So können z. B. die Marktteilnehmer sich an irrelevanten Informationen orientieren oder ein falsches Modell der fundamentalen Faktoren besitzen.

Sie können z. B. einen bestimmten fundamentalen Faktor für eine Weile als relevant betrachten, während bedingt durch bestimmte Ereignisse ein anderer Faktor bald danach als Hauptdeterminante in den Vordergrund ihrer Aufmerksamkeit geraten kann.Eine andere Ursache könnte darin liegen, daß die Devisenhändler zu vorsichtig, konservativ und risikoscheu sind. In diesem Falle wird das Angebot an spekulativem Kapital sehr unelastisch sein, da keine offenen Positionen gehalten werden. Wenn es z. B. zu einem Überschuß in der Leistungsbilanz kommt, wird dies zu einer Aufwertung des Kassa- und Terminkurses der heimischen Währung führen. Die Aufwertung wird umso stärker ausfallen, je unelastischer das Angebot an spekulativem Kapital ist. Bei hoher Elastizität des Kapitalangebots wäre es zu einem Kauf der ausländischen Währung auf den beiden Märkten gekommen. Dadurch wäre die Aufwertung der heimischen Währung gebremst worden.

Eine weitere Ursache für eine ineffiziente Arbeitsweise der Devisenmärkte könnte im Vorhandensein von übertriebenen kurzfristigen pessimistischen oder optimistischen Erwartungen im Hinblick auf bestimmte Währungen liegen. In diesem Fall kommt es zu sogenannten Band-Wagon-Effekten, die spekulative Wellen auslösen und zu übertriebenen Anpassungen des Wechselkurses führen.

Die Frage, ob die Devisenmärkte effizient funktionieren oder nicht, ist empirisch untersucht worden. Diese empirische Studien benutzen unterschiedliche methodische Vorgehensweisen und kommen zu keinen übereinstimmenden Aussagen. Trotzdem kann davon ausgegangen werden, daß Misalignment in bedeutendem Ausmaß existiert. Die bereits zitierte IWF-Studie stellt hierzu folgendes fest (S. 49):

> "The most critical (problem) has been that real exchange rate movements have sometimes gone far beyond those movements suggested by best estimates of 'fundamentals', and have sometimes stayed out of line for periods up to two to three years"

Misalignment verursacht hohe ökonomische Kosten. Die falschen Preissignale führen zu einer Mißallokation der Ressourcen. Eine langandauernde Unterbewertung des Wechselkurses führt z. B. zu einer Überproduktion von Exportgütern, zu einer Reduktion des Konsums von Importgütern, zu Überinvestitionen im Ausland und zu einer Schrumpfung des Binnensektors im Vergleich zum Außenhandelssektor. Hinzu kommen Anpassungskosten, wenn der Wechselkurs nach längerer Zeit sich dem Gleichgewichtswechselkurs nähert und die Ressourcen aus den überexpandierten Sektoren nicht sofort in die unterentwickelten Sektoren übergeleitet werden können.

Misalignment verursacht auch Protektionismus. Eine länger andauernde Überbewertung des Wechselkurses führt z. B. zu protektionistischen Forderungen seitens solcher Branchen, die ihre Position durch verbilligte Importe gefährdet sehen. Eine Unterbewertung würde zwar zur Förderung von Liberalisierungstendenzen führen. Sie würde aber zugleich zu internationalen ökonomischen Konflikten führen und protektionistische Maßnahmen im Ausland hervorrufen. Darüber hinaus würde eine über kurz oder lang fällige Anpassung eines unterbewerteten Wechselkurses wiederum zu protektionistischen Forderungen führen, um Anpassungskosten zu vermeiden.

Wegen hoher ökonomischer Kosten, die das Misaligment verursacht, bietet es eine ausreichende Begründung für eine aktive Wechselkurspolitik.

1.3. Wirtschaftspolitisch erwünschter Wechselkurs

Eine aktive Wechselkurspolitik kann auch mit dem Wunsch nach einem wirtschaftspolitisch begründeten Niveau des Wechselkurses gerechtfertigt werden, das vom laufenden Marktkurs abweicht. Für eine solche wirtschaftspolitisch erwünschte Wechselkurspolitik können verschiedene Motivationen maßgebend sein. So kann z. B. durch Aufrechterhaltung eines bestimmten realen Wechselkurses versucht werden, einen bestimmten Sektor Schutz vor ausländischer Konkurrenz zu gewähren. Ein solcher Schutz kann als erwünscht betrachtet werden, da ohne ihn der betreffende Sektor schrumpfen und Arbeitskräfte frei setzen würde. Ähnlich wie im Falle des Erziehungszolls kann auch davon ausgegangen werden, daß der Schutz temporär aufrechterhalten wird bis der betreffende Sektor ausreichend expandiert bzw. internationale Wettbewerbsfähigkeit erlangt.

Auch aus stabilisierungspolitischen Gründen kann ein bestimmtes Niveau des Wechselkurses erwünscht sein. Ein Beispiel hierfür wäre z. B. die Bekämpfung eines kumulativen Prozesses der Abwertung und Inflation. Wenn ein solcher Prozeß einmal in Gang gekommen ist, kann er durch die Wechselkurspolitik gebremst bzw. verlangsamt werden.

Der Wechselkurs kann auch als ein Instrument der Einkommenspolitik betrachtet werden. Ein überbewerteter Wechselkurs kann z. B. dazu dienen, die Importe zu subventionieren und dadurch das Preisniveau niedriger zu halten als es sonst der Fall wäre. Da die Steigerungsrate des Preisniveaus eine entscheidende Rolle bei Lohnverhandlungen der Tarifparteien spielt, kann dadurch auch das Lohnniveau beeinflußt werden.

Über diese Beispiele hinaus sind auch andere Fälle denkbar, wo ein wirtschaftspolitisch erwünschtes Niveau des Wechselkurses angestrebt wird. In allen Fällen müssen jedoch zwei Faktoren berücksichtigt werden. Zunächst ist zu fragen, ob der Wechselkurs tatsächlich das geeigneteste Instrument zur Herbeiführung des jeweils angestrebten Zieles ist oder ob zu diesem Zweck andere besser geeignete Instrumente existieren. Man könnte etwa im Falle des schutzpolitischen Zieles prüfen, ob steuern und Subventionen als Instrumente geeigneter sind als der Wechselkurs. Ähnlich wären im Falle der oben beschriebenen stabilisierungs- und einkommenspolitischen Ziele geldpolitische Maßnahmen als Alternative zur Wechselkurspolitik in Betracht zu ziehen.

Neben der Frage möglicher alternativer Instrumente müßten auch die Kosten in Rechnung gestellt werden, die durch die Aufrechterhaltung eines vom Marktkurs abweichenden Wechselkurses verursacht werden. Im Falle des schutzpolitischen Zieles wäre etwa zu fragen, wie im einzelnen die Aufrechterhaltung des angestrebten realen Wechselkurses andere Sektoren als den Sektor, dessen Protektion beabsichtigt ist, beeinflußt. Darüber hinaus kommt es als Folge einer solchen Wechselkurspolitik zur Änderung anderer Variablen wie z. B. realer Zinssätze, die ihrerseits die Dispostionen der Wirtschaftssubjekte beeinflussen und unerwünschte Effekte haben könnten. Im Falle der einkommenspolitischen Zielsetzung würde es ähnlich zu einer Verzerrung der Allokation zwischen Binnen- und Außenwirtschaftssektoren kommen. Es entstünden auch Anpassungskosten, wenn über kurz oder lang der Wechselkurs wieder freigegeben würde.

Ein wirtschaftspolitisch erwünschter Wechselkurs kann also nur dann eine Begründung für eine aktive Wechselkurspolitik liefern, wenn jeweils die Vorteile einer solchen Politik ihre Kosten übersteigen und geeignetere Instrumente zur Herbeiführung der erwünschten wirtschaftspolitischen Ziele nicht zur Verfügung stehen.

Mit der Entscheidung für eine aktive Wechselkurspolitik wird über die Art und Weise, wie die wechselkurspolitischen Zielsetzungen im einzelnen realisiert werden sollen, noch nichts ausgesagt. Grundsätzlich bieten sich hier drei Möglichkeiten an: Devisenmarktinterventionen, wechselkursorientierte Geldpolitik und internationale Kooperation. Die folgenden drei Abschnitte sind der Untersuchung dieser drei Möglichkeiten gewidmet.

2. Devisenmarktinterventionen

Von Devisenmarktinterventionen spricht man, wenn die Zentralbanken durch den Kauf und Verkauf von Devisen den Wechselkurs ihrer Währungen zu beeinflussen versuchen. Im folgenden sollen die Arten von Devisenmarktinterventionen, mögliche Regeln für diesen Zweck und die praktischen Erfahrungen mit Interventionen dargestellt werden.

2.1. Geldmengenwirksame und geldmengenneutrale Interventionen

Bei geldmengenwirksamen (nicht sterilisierten) Interventionen wird die sich zwangsläufig ergebende Veränderung der Geldmenge hingenommen. Die Intervention wird also von einer Veränderung der Geldmenge begleitet. Bei geldmengenneutralen (sterilisierten) Interventionen wird die Veränderung der Geldmenge durch eine entsprechende Geldpolitik, z. B. durch Offenmarktoperationen, neutralisiert. Die Geldmenge bleibt daher konstant.

Der Vorteil geldmengenneutraler Interventionen besteht darin, daß sie nicht mit der Geldpolitik in Konflikt geraten. Die Geldpolitik kann daher unabhängig von wechselkurspolitischen Überlegungen gestaltet werden. Geldmengenneutrale Interventionen beeinflussen den Wechselkurs direkt über die Änderung derAngebots- bzw. Nachfrageströme auf dem Devisenmarkt. Sie können den Wechselkurs jedoch auch indirekt über die Erwartungen im Hinblick auf das zukünftige Verhalten der Wechselkurse beeinflussen. Die Änderung der Erwartungen bei privaten Marktteilnehmern ergibt sich nicht nur aus der unmittelbaren Veränderung des Wechselkurses, sondern auch daraus, daß solche Interventionen als Indikator für die zukünftige Geld- und Wechselkurspolitik der Zentralbanken betrachtet werden.

Geldmengenneutrale Interventionen führen zwar kurzfristig zum erwünschten Ergebnis. Über längere Zeiträume verlieren sie jedoch ihre Wirksamkeit. Der Grund hierfür liegt darin, daß solche Interventionen die monetären, aber auch die realen Determinanten der Wechselkurse (die sogenannten fundamentalen Faktoren Geldmenge, Inflationsrate, Produktivität u.ä.) unbeeinflußt lassen. Die notwendigen Interventionen, um einen bestimmten Wechselkurs längerfristig zu halten, können daher leicht größere Ausmaße erreichen. Dies gilt vor allem dann, wenn auch - was sehr wahrscheinlich ist - die Spekulation, überzeugt vom schließlichen Mißerfolg der Zentralbank, aktiv wird.

Geldmengenneutrale Interventionen bleiben dann völlig wirkungslos, wenn inländische und ausländische finanzielle Aktiva vollständig substituierbar sind, d.h. wenn perfekte Kapitalmobilität vorherrscht. Dann kann der inländische Zinssatz vom Weltmarktzinssatz nur um die erwartete Auf- oder Abwertungsrate der inländischen Währung differieren. Sterilisierte Interventionen lassen daher den Wechselkurs unbeeinflußt.

Im Gegensatz zu sterilisierten führen nichtsterilisierte Interventionen zur Veränderung des Geldangebots. Damit ändert sich gemäß dem Finanzmarktsansatz eine der wichtigsten Determinanten der Wechselkurse. Der Wechselkurs wird wiederum durch die Änderung der Devisenströme und Erwartungen im Hinblik auf das zukünftige Verhalten der Wechselkurse beeinflußt. Hinzukommt, daß sich auch die Zinssätze in der gewünschten Richtung ändern und über kurzfristige Kapitalbewegungen den Wechselkurs beeinflussen. Käufe von Dollars zur Verhinderung einer DM-Aufwertung durch die Bundesbank führen z. B. zur Senkung der Geldmarktzinssätze in der Bundesrepublik und somit zu Kapitalexporten, die den Aufwertungsdruck auf die DM vermindern.

Der Nachteil geldmengenwirksamer Interventionen besteht darin, daß die dadurch bewirkten Geldmengenänderungen leicht im Gegensatz zu geldpolitischen Zielsetzungen wie z. B. der Inflationsbekämpfung oder der Bekämpfung von Arbeitslosigkeit geraten können. Dollarverkäufe zur Verhinderung einer Abwertung der heimischen Währung führen z. B. zur Geldverknappung. Eine solche Verschärfung des geldpolitisches Kurses kann mit einer allgemeinen Schwäche der Konjunktur zusammenfallen und sie folglich verstärken. Bei erforderlichen Devisenmarktinterventionen taucht daher immer die Frage auf, inwieweit mit Rücksicht auf wechselkurspolitische Zielsetzungen von einem geplanten geldpolitischen Kurs (z.B. der Verfolgung eines bestimmten Geldmengenziels) abgewichen werden kann.

2.2 Regeln für Devisenmarktinterventionen

Bisher wurde davon ausgegangen, daß bei einer bestimmten Entwicklung des Wechselkurses ein Bedarf für eine Intervention auf dem Devisenmarkt festgestellt wird. Möglich ist auch, die Interventionen nach bestimmten Regeln vorzunehmen. Drei sehr oft diskutierte Regeln sollen im folgenden kurz dargestellt werden:

(a) Glättende Interventionen (Leaning against the wind)
Diese Regel besagt, daß durch Interventionen der Grundtendenz des Marktes entgegengewirkt werden soll, ohne sie jedoch zu neutralisieren. Im Ergebnis soll nicht die Änderung des Wechselkurses verhindert werden, sondern seine übermäßige Fluktuation in eine oder andere Richtung. Daher soll die Intervention auch symmetrisch sein, d.h. Interventionen sollen bei fallenden Wechselkursen ähnlich stark erfolgen wie bei steigenden Wechselkursen.

(b) Zielzonen
In diesem Falle werden Interventionen dann erwogen, wenn der Wechselkurs einen bestimmten Wertebereich verlassen hat. Die Zielzone wird von vornherein festgelegt. Die Zentralbank geht jedoch keine Verpflichtung ein, auf jeden Fall zu intervenieren, wenn die festgelegten Grenzen überschritten werden. Die Zielzone wird darüber hinaus angesichts neuer Informationen z. B. über Inflationsratendifferentiale oder reale Faktoren kontinuierlich modifiziert.

(c) Referenz-Raten
Hier wird ein bestimmter Wechselkurs als Zielvariable, versehen mit einer bestimmten Bandbreite, vorgegeben. Die Referenz-Rate kann periodisch angepaßt werden. Innerhalb der Bandbreite können Interventionen durchgeführt oder unterlassen werden. Auch hier geht die Zentralbank keine Verpflichtung zur Intervention ein. Falls jedoch außerhalb der Bandbreite interveniert wird, sollen solche Interventionen nur in eine Richtung erfolgen. Außerhalb

der Obergrenze dürfen also Interventionen getätigt werden, um den Aufwärtsbewegungen des Wechselkurses entgegenzuwirken. Interventionen, die eine Abwärtsbewegung des Wechselkurses zum Referenz-Kurs hin verhindern oder die Aufwärtsbewegung verstärken, sind dagegen nicht erlaubt. Entsprechend soll außerhalb der Untergrenze einer Abwärtsbewegung des Wechselkurses entgegengewirkt werden. Die Abwärtsbewegung darf jedoch nicht verstärkt und eine mögliche Aufwärtsbewegung zum Referenz-Kurs hin nicht verhindert werden.

Während glättende Interventionen nur die hohen Fluktuationen des Marktkurses vermeiden helfen sollen, gehen die beiden anderen Regeln davon aus, daß die Zentralbank Informationen über eine Wechselkursnorm besitzt und diese Norm durch den Markt nicht realisiert wird. Als Basis für eine solche Norm können entweder die Kaufkraftparitäten dienen oder ein Wechselkurs, der mit dem Ausgleich der zyklisch bereinigten Grundbilanz vereinbar wäre. Zu denken wäre hier etwa an den im vorigen Abschnitt diskutierten fundamental gleichgewichtigen Wechselkurs. Die Ungenauigkeit bei der Berechnung solcher Normen könnte bei der Bestimmung der Größe der Zielzone bzw. der Bandbreite im Falle der Vorgabe einer Referenz-Rate berücksichtigt werden.

2.3. Praktische Erfahrungen

Seit 1973 haben die Regierungen bzw. die Zentralbanken sehr aktiv durch Devisenmarktinterventionen die Wechselkurse ihrer Währungen zu beeinflussen versucht. Das Ausmaß, die Art und Weise und die Ziele solcher Interventionen sind von Land zu Land unterschiedlich. Sie variieren im Zeitablauf auch bei ein und demselben Land. Der Jurgensen-Report (1983), der im Auftrag der Gipfelkonferenz von Versailles 1982 die Aufgabe hatte, diese Interventionen zu untersuchen, kam im Hinblick auf ihre Effizienz zu folgenden Aussagen:

- Effekte von Interventionen können nicht eindeutig abgeschätzt werden. Trotz diesbezüglicher methodischer Probleme kann jedoch festgestellt werden, daß Interventionen immer dann erfolgreich waren, wenn sie kurzfristig das Verhalten der Wechselkurse zu beeinflussen versuchten.

- Die Effizienz geldmengenwirksamer Interventionen war größer als die der sterilisierten Interventionen. Um erfolgreich zu intervenieren, schien eine Unterstützung der Interventionen durch geldpolitische Maßnahmen unvermeidbar zu sein.

- Wenn zwischen internen wirtschaftspolitischen und Wechselkurszielsetzungen Konflikte bzw.Inkonsistenzen bestanden, waren Interventionen nur dann erfolgreich, wenn sie von angemessenen Änderungen der Wirtschaftspolitik begleitet wurden. Bei Ausbleiben solcher Änderungen blieben Interventionen entweder wirkungslos oder sie waren sogar kontraproduktiv.

- Erfolgreich waren alle Länder bei glättenden Interventionen, die hohe Fluktuationen der Wechselkurse im Verlauf eines Tages oder von Tag zu Tag zu reduzieren versuchten. Moderater waren die Erfolge glättender Interventionen zur Reduktion längerfristiger Fluktuationen der Wechselkurse (Über- und Unterschießen der Wechselkurse gegenüber dem Gleichgewichtskurs). Inwieweit die Erfolge in diesen Fällen ein Ergebnis der Interventionen waren, kann nicht festgestellt werden, da die Interventionen sehr oft von komplementären wirtschaftspolitischen, vor allem geldpolitischen Maßnahmen begleitet wurden.

- International eng koordinierte Devisenmarktinterventionen, die in einigen Fällen durchgeführt wurden, waren wirksamer als Interventionen einer einzelnen Zentralbank. Die höhere Wirksamkeit scheint die Folge der Signalfunktion zu sein, die solche Interventionen im Hinblick auf gemeinsames und entschlossenes Vorgehen der Zentralbanken für die Marktteilnehmer besitzen.

Diese Ergebnisse der Jurgensen-Studie zeigen, daß Interventionen u. U. durchaus stabilisierend sein können. Wegen methodischer Probleme bleibt der Sachverhalt als solcher jedoch umstritten. Kaum hilfreich zur Klärung der Stabilisierungsfunktion von Interventionen ist das sogenannte Profitkriterium. Da die Zentralbank bei fallenden Wechselkursen kauft und bei steigenden Wechselkursen verkauft, müssen stabilisierende Interventionen profitabel sein. Die empirische Überprüfung der Profitabilität von Interventionen stößt jedoch auf eine Reihe von Problemen. Die Untersuchung müßte z. B. in einer Periode erfolgen, in der die Nettokäufe und -verkäufe sich ausgleichen. Sonst kommt es zu Bestandsänderungen an devisen, die bewertet werden müssen. Das Ergebnis ist dann davon abhängig, welcher Wechselkurs zugrunde gelegt wird. Darüber hinaus gibt es keine eindeutige Beziehung zwischen Instabilität und Profitabilität. Es sind Fälle denkbar, wo diese beiden Faktoren auseinanderfallen können.

3. Wechselkursorientierte Geldpolitik

Bereits bei der Diskussion geldmengenwirksamer Interventionen auf dem Devisenmarkt wurde festgestellt, daß zwischen wechselkurspolitischen und geldpolitischen Zielen wie Vollbeschäftigung und Preisniveaustabilität leicht Konflikte auftreten können. Die Vorgabe eines realen Wechselkursziels und der Versuch diesen realen Kurs zu stabilisieren, führt z. B. zu entsprechenden Schwankungen der Geldmenge, die unerwünscht sein können. Umgekehrt müssen bei der Verfolgung einer strikten Geldmengenregel Wechselkursschwankungen hingenommen werden, auch wenn sie zu unerwünschten Effekten führen. Eine einfache Lösung aus diesem Dilemma existiert nicht. Eine pragmatische Vorgehensweise erfordert, daß die Geld- und Wechselkurspolitik ausgehend von den besonderen Gegebenheiten des Landes und der jeweiligen Situation aufeinander abgestimmt werden. Zur Verdeutlichung dieses Sachverhaltes können einige Fälle im folgenden dargestellt werden.

Fall 1:

Es handelt sich um ein großes Land mit einem gemessen am Anteil am Bruttosozialprodukt unbedeutenden Auslandssektor. Die Geldnachfragefunktion ist stabil. In diesem Falle empfiehlt sich die Verfolgung einer strikten Geldmengenregel. Durch sie werden unnötige Schwankungen des Preisniveaus und der Beschäftigung vermieden. Die von den in Kauf genommenen Wechselkursschwankungen ausgehenden negativen Effekte bleiben in Grenzen. Internationale wirtschaftspolitische Konflikte können sich jedoch dann ergeben, wenn die Geldpolitik eines solchen Landes auch den geldpolitischen Spielraum anderer Länder beeinflußt.

Fall 2:

Es handelt sich um ein kleines Land mit einem bedeutenden Auslandssektor. Die Geldnachfragefunktion ist nicht stabil. Im Falle einer instabilen Geldnachfragefunktion ist eine Variation des Geldangebots zum Ausgleich der Geldnachfrageschwankungen notwendig, um Beschäftigungs- und Preisniveauschwankungen zu vermeiden. Zunehmende Währungssubstitution hat gerade in den letzten Jahren dazu geführt, daß inländisches Geld von Ausländern gehalten wird und umgekehrt. Dies bedeutet, daß die Geldnachfragefunktion nicht mehr als eine stabile Funktion einiger weniger inländischer Variablen (Volkseinkommen und Preisniveau) angesehen werden kann. Eine diskretionäre Geldmengenpolitik ist in diesem Falle gerechtfertigt. Wechselkursschwankungen, die durch Nachfrageänderungen nach der inländischen Währung ausgelöst worden sind, kann durch entsprechende Geldangebotsänderungen entgegengewirkt werden. Geldnachfrageänderungen sind jedoch nicht die einzigen Faktoren, die zu Wechselkursschwankungen führen. Es entsteht daher ein Informationsproblem, ob eine bestimmte Wechselkursänderung auf Geldnachfrageänderungen zurückzuführen ist oder nicht.

Fall 3:

Das Land verfolgt keine Geldmengenregel. Es wird eine aktive Geldpolitik betrieben. In diesem Falle können Wechselkursschwankungen u. U. als Indikator für die Geldpolitik herangezogen werden. Traditionellerweise werden Zinssätze als geldpolitische Indikatoren benutzt. In einer inflationären Umwelt können sie jedoch irreführend sein. Eine höhere erwartete Inflationsrate kann z. B. zu einer Steigerung des Zinssatzes führen, die als Signal für eine Geldmengenexpansion genommen wird. Daraus kann sich leicht eine Spirale von Inflation, Zinssteigerung und Geldmengenexpansion ergeben. In solchen Fällen ist die Heranziehung des Wechselkurses als zusätzlicher Indikator sehr hilfreich. Wenn bei steigenden Zinssätzen es z. B. zu einer Abwertung der heimischen Währung kommt, ist die Zinssatzsteigerung aller Wahrscheinlichkeit nach eine Folge von zunehmenden Inflationserwartungen. Eine Geldmengenexpansion wäre in diesem Falle ungeeignet und würde destabilisierend wirken.

Fall 4:
Das Land verfolgt eine bestimmte Geldmengenregel. Es werden kurzfristige Abweichungen vom Geldmengenziel mit Rücksicht auf die Entwicklung des Wechselkurses zugelassen. Diese Abweichungen werden jedoch möglichst schnell korrigiert, so daß im Durchschnitt einer Periode, z. B. eines Jahres, das Geldmengenziel eingehalten wird. Eine solche Vorgehensweise würde einen Kompromiß zwischen einer strengen Geldmengenregel und einer allein auf die Wechselkursentwicklung orientierten Geldpolitik darstellen. Ihre Problematik besteht darin, daß sie bedingt durch Erwartungsbildungsprozesse ihre Wirksamkeit verlieren kann. Wenn die Marktteilnehmer die Geldmengenänderung als sehr kurzfristig betrachten und mit Bestimmtheit davon ausgehen, daß sie bald korrigiert wird, werden die Zinssätze sich kaum verändern. Es wird entsprechend auch zu keinen Wirkungen auf den Wechselkurs kommen.

Der eben dargestellte Sachverhalt führt zu einer wichtigen Schlußfolgerung: Die Wirksamkeit der Geldpolitik in bezug auf den Wechselkurs hängt entscheidend von der Interpretation der Geldpolitik durch die Geld- und Finanzmärkte und der daraufhin erfolgten Erwartungsbildung auf diesen Märkten ab. Durch eine geeignete und glaubwürdige Informationspolitik muß daher dafür Sorge getragen werden, daß auf den Geld- und Finanzmärkten klare und die Geldpolitik stützende Erwartungen gebildet werden.

4. Internationale Kooperation

Bisher wurden die Möglichkeiten einzelstaatlicher Wechselkurspolitik diskutiert. Dabei wurde stillschweigend unterstellt, daß die wechselkurspolitischen Maßnahmen eines Landes durch Aktionen und Reaktionen anderer Länder nicht konterkariert werden. Dies braucht nicht immer der Fall zu sein. So ist z. B. möglich, daß mehrere Länder, die miteinander unvereinbare Wechselkursziele besitzen, gleichzeitig auf dem Devisenmarkt intervenieren. Im Ergebnis wird die Wechselkursinstabilität zunehmen. Der Wechselkurs einer Währung gegenüber einer anderen Währung hängt immer vom Verhalten der beiden betreffenden Zentralbanken ab. Aus diesem Grunde besteht die Notwendigkeit einer internationalen Kooperation im Bereich der Wechselkurspolitik. Im folgenden soll zunächst auf vorhandene Kooperationsmechanismen eingegangen werden. Danach werden einige Vorschläge, die eine intensivere internationale Kooperation vorsehen, diskutiert.

4.1. Vorhandene Kooperationsmechanismen

Zu den vorhandenen internationalen Kooperationsmechanismen können die Überwachung der Wechselkurse durch den internationalen Währungsfonds, die seit 1975 stattfindenden weltwirtschaftlichen Gipfelkonferenzen und die Kooperation der Zentralbanken im Rahmen der Bank für internationalen Zahlungsausgleich gezählt werden.

4.1.1. Überwachung der Wechselkurse durch den IWF

Artikel IV, Abs. 3(b) der 1978 in Kraft getretenen revidierten Fassung des IWF-Übereinkommens sieht eine strikte Überwachung der Wechselkurspolitik der Mitglieder durch den IWF und die Aufstellung von Grundsätzen vor, von denen sich die Mitglieder bei ihrer Wechselkurspolitik leiten lassen sollten. Aus diesem Grunde verabschiedete der Fonds im April 1977 ein Dokument, das die einzelnen Grundsätze enthält, die als Richtlinien für die Wechselkurspolitik der Mitgliedsländer und die Überwachung dieser Politik durch den IWF dienen sollen. Darüber hinaus sind im Dokument auch die Verfahrensregeln zur Überwachung der Wechselkurse durch den Fonds beschrieben. Dieses Dokument, das alle zwei Jahre überprüft wird, trat gleichzeitig mit dem revidierten IWF-Übereinkommen in Kraft.

Seine Aufgabe, die Wechselkurspolitik der Mitglieder zu überwachen, nimmt der Fonds vor allem mittels Diskussionen mit den Mitgliedern wahr. Solche Diskussionen werden immer dann eingeleitet, wenn eine oder mehrere der folgenden Entwicklungen eintreten:

- lang anhaltende umfangreiche Interventionen auf dem Devisenmarkt in einer Richtung;

- ein untragbares Niveau von offiziellen bzw. quasi-offiziellen Kreditaufnahmen oder übertriebene und anhaltende kurzfristige offizielle bzw. quasi-offizielle kurzfristige Kreditgewährungen für Zahlungsbilanzzwecke;

- die Einführung, verstärkung oder anhaltende Aufrechterhaltung von Handels- oder Kapitalverkehrsrestriktionen aus Zahlungsbilanzgründen;

- währungs- und geldpolitische Maßnahmen, die einen anormalen Anreiz für Kapitalzuflüsse und -abflüsse für Zahlungsbilanzzwecke darstellen;

- Wechselkursentwicklungen, die in keiner Beziehung zu grundlegenden ökonomischen und finanziellen Bedingungen einschließlich denjenigen Faktoren stehen, die die Wettbewerbsfähigkeit und die langfristige Kapitalbewegungen beeinflussen.

Die Diskussion mit den Mitgliedern erfolgt entweder im Rahmen der alle 18 Monate stattfindenen regelmäßigen Konsultationen oder bei der Inanspruchnahme von Fondsmitteln im Rahmen der sog. Stand-by-Vereinbarungen. Darüber hinaus tritt der Fonds gelegentlich in Verhandlungen mit den Mitgliedern ein aus Gründen der Wechselkursüberwachung. Solche Diskussionen finden z. B. mit ausgewählten Mitgliedern aus Anlaß der Vorbereitung des vom Fonds herausgegebenen Berichts "Perspektiven der Weltwirtschaft" statt. Auch unabhängig von solchen Anlässen kann der Generaldirektor des IWF aufgrund besonderer Entwicklungen in einem Mitgliedsland initiativ werden und Diskussionen mit dem betreffenden Mitglied einleiten.

Neben diesen bilateralen Diskussionen wird die Wechselkurspolitik der Mitgliedsländer auch im Rahmen multilateraler Diskussionen thematisiert. Solche Diskussionen finden im Exekutivdirektorium des Fonds und im Interimausschuß statt. Das Exekutivdirektorium behandelt die Problematik der Wechselkurspolitik der Mitglieder regelmäßig im Rahmen seiner periodischen Überprüfungen oder durch Ad-hoc-Behandlung besonderer Situationen und Entwicklungen. Der Interimausschuß diskutiert die währungspolitischen Probleme auf seinen jährlich, normalerweise zweimal stattfindenden Sitzungen.

Die Konsultation des IWF mit den Mitgliedern dient vor allem dazu, Fakten und Entwicklungen festzustellen und zu einer Annäherung der Auffassungen der beiden Seiten über die nationalen und internationalen Implikationen der Wechselkurspolitik des Mitglieds zu gelangen. Die Gespräche finden vertraulich statt und deren Ergebnisse werden nicht veröffentlicht. Die Wirksamkeit der Überwachungspolitik hängt entscheidend von der Bereitschaft der Mitgliedsländer ab, mit dem Fonds zusammenzuarbeiten. Der IWF besitzt keine rechtlichen Möglichkeiten, die Mitglieder zu einer Änderung ihrer Politik zu bewegen. Nur wenn die Mitgliedsländer IWF-Ressourcen in Anspruch nehmen wollen, kann der Fonds seinen Einfluß auch im Hinblick auf die Wechselkurspolitik zur Geltung bringen. Hiervon sind vor allem die Entwicklungsländer betroffen. Wie wirksam die Überwachungspolitik funktioniert, ist kaum feststellbar. Empirisch kann z. B. kaum überprüft werden, ob die Variabilität der Wechselkurse in den letzten Jahren ohne die Überwachungspolitik des Fonds geringer gewesen wäre. Entwicklungen wie die lang anhaltende und starke Überbewertung des Dollars konnte sie nicht verhindern.

Die Überwachungspolitik ist trotz ihrer wahrscheinlich geringen Wirksamkeit ein nützliches Mittel internationaler Kooperation. Die in ihrem Rahmen durchzuführenden Konsultationen können krasse wechselkurspolitische Fehler vermeiden helfen, Alternativen mit geringeren negativen Wirkungen für die Weltwirtschaft aufzeigen und das Informationsniveau der Mitglieder über die nationalen und vor allem die internationalen Implikationen ihrer Wechselkurspolitik erhöhen. Auf diese Weise dürfte sie die Ausgestaltung nationaler Wechselkurspolitiken fühlbar beeinflussen.

4.1.2. Weltwirtschaftsgipfel

Als ein neuer internationaler Kooperationsmodus finden seit 1975 jährliche Weltwirtschaftsgipfel der sieben wichtigsten Industrieländer und der Europäischen Gemeinschaft statt. Obwohl inzwischen auch politische Fragen auf diesen Gipfeln erörtert werden, stehen im Mittelpunkt der Diskussion die aktuellen weltwirtschaftspolitischen Probleme. Dabei nehmen die weltwährungspolitischen Fragen einen besonderen Platz ein. Der Zusammenbruch des Bretton-Woods-Systems war einer der unmittelbaren Anlässe für die Einberufung des ersten Gipfels in Rambouillet im November 1975. Im Vordergrund stand hier die Kontroverse zwischen den USA und Frankreich über die Zukunft des Wechselkurssystems und die Frage, ob im IFW-Übereinkommen eine Rückkehr zu einem festen Wechselkurssystem, wie es Frankreich befürwortete, vorgesehen werden sollte. Auf fast allen folgenden Konferenzen gehörte die Problematik der Variabilität der Wechselkurse zu den wichtigsten Diskussionsthemen.

Aus mehreren Gründen eignen sich Gipfelkonferenzen kaum als Instrument der Kooperation im Währungsbereich. Sie können leicht von den Gipfelteilnehmern als werbewirksame Veranstaltungen betrachtet werden, die unter einem gewissen Verhandlungserfolg stehen. Ohne ein besonderes Organ, das den Vollzug der Verhandlungsergebnisse überwacht, können die beschlossenen Maßnahmen leicht in Vergessenheit geraten, da niemand sich für ihre Durchführung verantwortlich fühlt. Gipfelkonferenzen sind ihrer Natur nach für die Erörterung komplexer Probleme wie z. B. internationale Währungsfragen ungeeignet.

In der Tat können die bisherigen Weltwirtschaftsgipfel im Bereich der Währungspolitik auf keine Erfolge verweisen. Praktisch in jedem der verabschiedeten Kommuniqués wurde die Stabilität der Wechselkurse als ein erstrebenswertes Ziel hervorgehoben. Ernsthafte Anstrengungen, diesem Ziel nahe zu kommen, wurden jedoch bisher nicht unternommen. Bereits auf der ersten Gipfelkonferenz im November 1975 versprachen die USA Devisenmarkt-Interventionen vorzunehmen, um unordentlichen Marktverhältnissen und erratischen Wechselkursschwankungen entgegenzuwirken. Diese Verpflichtung wurde jedoch von den USA sehr eng interpretiert, so daß Interventionen im großen Ausmaß bisher unterblieben. Erst auf der Konferenz von Versailles im Juni 1982 wurde eine Studie über Interventionen im Auftrag gegeben. Auf der nachfolgenden Konferenz in Williamsburg im Mai 1983 wurde vereinbart, koordinierte Interventionen in Fällen durchzuführen, wo sie sinnvoll erscheinen. Praktisch wurden jedoch in dieser Richtung keine größeren Schritte unternommen.

4.1.3. Zentralbankenkooperation im Rahmen der Bank für den internationalen Zahlungsausgleich

Eine in der Öffentlichkeit kaum beachtete, aber permante Kooperation im Währungsbereich findet zwischen den Zentralbanken der OECD-Länder und der Schweiz im Rahmen der Bank für den internationalen Zahlungsausgleich (BIZ) statt. Die

Bank für den internationalen Zahlungsausgleich wurde 1930 zur Bewältigung der deutschen Reparationen gegründet. In der Nachkriegszeit hat sie als Bank der Zentralbanken neue Kooperationsformen zwischen den Zentralbanken initiiert und gefördert. Zu den traditionellen Tätigkeiten der BIZ gehört die Gewährung von kurzfristigen Krediten in dringenden Fällen an die OECD-Länder. Darüber hinaus werden finanzielle Unterstützungsmaßnahmen der Zentralbanken zugunsten einzelner OECD-Länder durch die BIZ organisiert. Seit neuestem gewährt die BIZ Überbrückungskredite an solcher Länder, die Mittel im Rahmen von Stand-by-Vereinbarungen vom IWF erhalten sollen. Wichtig im Hinblick auf die internationale Kooperation im Währungsbereich sind zahlreiche Sitzungen, die im Rahmen der BIZ-Aktivitäten stattfinden. Am bedeutendsten in dieser Hinsicht sind die regelmäßigen Basler Sitzungen der Notenbankpräsidenten der Zehnergruppe. Darüber hinaus finden regelmäßig Zusammenkünfte von Zentralbankexperten statt, die sich mit der Entwicklung der Gold- und Devisenmärkte und des Euromarktes befassen.

Für folgende Institutionen stellt die BIZ das Sektretariat:

- Ausschuß der Präsidenten der Zentralbanken der Mitgliedsstaaten der Europäischen Wirtschaftsgemeinschaft und seine Unterausschüsse und Expertengruppen

- Verwaltungsrat des Europäischen Fonds für wirtschaftliche Zusammenarbeit und seine Unterausschüsse und Expertengruppen

- Ausschuß für Bankenbestimmungen und -überwachung

- Ausschuß der EDV-Fachleute aus den Zentralbanken der Zehnergruppe

- Ausschuß der Zahlungsverkehrsexperten.

Auch im Hinblick auf die Beobachtung der Euromärkte erfüllt die BIZ wichtige Funktionen. Der Ständige Ausschuß für Euromarktangelegenheiten nimmt im Rahmen der BIZ seine Aufgabe der regelmäßigen Beobachtung des Geschehens auf den internationalen Kreditmärkten wahr. Die BIZ gilt auch als die wichtigste Quelle für Euromarkt-Statistiken. Sie verfügt darüber hinaus über eine große Datenbank, die den Zentralbanken zur Verfügung steht.

Durch die Organisation von Sitzungen, ihre Sekretariatsfunktion und die Bereitstellung von Daten schafft die BIZ die infrastrukturellen Voraussetzungen für eine enge internationale Kooperation im Währungsbereich. Das Ausmaß der jeweils stattfindenden Kooperation hängt jedoch von dem Willen und der Bereitschaft der einzelnen Zentralbanken ab. Darauf hat die BIZ keinen direkten Einfluß.

4.2. Vorschläge zur Intensivierung internationaler Kooperation

Die oben dargestellten internationalen Kooperationsmechanismen reichen - wie die Praxis zeigt - nicht aus, um starke Wechselselkursschwankungen zu verhindern. Eine Rückkehr zu einem fixen Wechselkurssystem scheint zur Zeit kaum möglich. Aus diesem Grunde wird sehr oft für eine Intensivierung der internationalen Kooperation im währungspolitischen Bereich plädiert. Eine solche Kooperation kann verschiedene Formen annehmen. Eine erste Möglichkeit bestünde darin, international koordinierte Devisenmarktinterventionen durchzuführen. In Kombination hiermit oder auch unabhängig davon könnte auch ein Zielzonen- bzw. ein Referenzsystem vereinbart werden. Einen höheren Grad an Kooperation würde eine Kooperation makroökonomischer Politiken, vor allem die der Geldpolitiken darstellen, die bei den Ursachen der Wechselkursschwankungen ansetzen würde.

Eine internationale Kooperation im Sinne der eben dargestellten Vorschläge ist zweifellos wünschenswert. Man darf allerdings über die Schwierigkeiten, die damit verbunden sind, nicht hinwegsehen. So sind z. B. nationale Auffassungen über die

Notwendigkeit, Ausmaß und Art von Interventionen sehr unterschiedlich. Es ist nicht immer möglich, Einigkeit über die Definition von Situationen zu erzielen, die durch "unordentliche Marktbedingungen" charakterisiert sind und daher Interventionen erforderlich machen. Darüber hinaus ist die Größe und Tiefe der Finanzmärkte in einzelnen Ländern sehr unterschiedlich. Während kleine Länder mit kleinen und nicht sehr entwickelten Finanzmärkten sterilisierte Interventionen bevorzugen, sind solche Interventionen in großen Ländern mit sehr entwickelten Finanzmärkten und daher hoher Kapitalmobilität unwirksam.

Ähnliches gilt auch im Hinblick auf die Koordination der Geldpolitik. Immer mehr Länder gehen dazu über, Geldmengenziele zu definieren. In diesem Falle ergeben sich die für die Wechselkursentwicklung relevanten Zinssätze aus dem Zusammenspiel des vorgegebenen Geldangbots mit den Geldnachfragebedingungen. Die Zinssätze können aufgrund von Geldnachfrageschwankungen in solchen Fällen sehr instabil sein und hohe Wechselkursschwankungen verursachen. Solange die Geldpolitik nicht der Wechselkurspolitik untergeordnet wird, werden Auffassungsunterschiede über die Gestaltung der Geldpolitik ein entscheidendes Hindernis bei der Koordination der Geldpolitiken darstellen.

Eine internationale Koordination der Wechselkurspolitik erfordert in der Tat auch eine koordinierte Politik im Hinblick auf andere wichtige makroökonomische Variable wie reale Zinssätze, Inflationsraten, Beschäftigung etc. Nationale Auffassungsunterschiede über die anzustrebenden Werte für diese Variablen und über die Art und Weise ihrer Realisierung erschweren eine solche Koordination. Solche Auffassungsunterschiede rühren nicht nur aus unterschiedlichen Präferenzstrukturen, sondern auch aus den strukturellen Unterschieden der einzelnen Volkswirtschaften und nicht zuletzt auch aus Meinungsverschiedenheiten über die relevanten theoretischen Zusammenhänge. Diese Erkenntnis zeigt, daß der Spielraum für großangelegte Koordinationsversuche gegenwärtig begrenzt ist. Aussichtsreicher erscheinen daher eine schrittweise verbesserung der Koordination und die Vermeidung international schädlicher nationaler Wechselkurspolitiken durch eine Stärkung der Position des IWF und eine Kompetenzerweiterung für seine Überwachungspolitik.

Literaturhinweise

1. Argy, V., — Exchange-Rate Management in Theory and Practice, Princeton Studies in International Finance, No. 50, Princeton N.J. 1982

2. Artus, J.R.; Crockett, A.D., — Floating Exchange Rates and the Need for Surveillance, Essays in International Finance, No. 127, Princeton N.J. 1978

3. Batchelor, R.A.; Wood, G.E., (eds.) — Exchange Rate Policy, London and Basingstoke 1982

4. Hellmann, R., — Weltwirtschaftsgipfel wozu?, Baden-Baden 1982

5. Hood, Wm. C., — Überwachung der Wechselkurse in: Finanzierung und Entwicklung, Nr. 1, 1982, S. 9 ff.

6. IMF — The Exchange Rate System: Lessons of the Past and Options for the Future, Occasional Paper 30, Washington D.C. 1984

7. Jurgensen-Report, — Report of the Working Group on Exchange Market Intervention, Chairman: Philippe Jurgensen, March 1983

8. Mikesell, R.F.; Goldstein, H.N., — Rules for A Floating-Rate Regime, Essays in International Finance, No. 109, Princeton N.J. 1975

9. Mussa, M., — The Role of Official Intervention, Occasinal Papers No. 6, Group of Thirty, New York 1981

10) Polak, J.J., — Coordination of National Economic Policies,Occasional No. 7, Group of Thirty, N.J. 1981

11) Tosini, P.A., — Leaning against the Wind: A Standard for Managed Floating, Essays in International Finance, No. 126, Princeton N.J. 1977

12) Wonnacott, P., — U.S. Intervention in the Exchange Market for DM, 1977-80, Princeton Studies in International Finance, No. 51, Princeton N.J. 1982

13) Willamson, J., — The Exchange Rate System, Institute for International Economics, Policy Analysis in International Economics, No. 5, Washington D.C. 1983

Stichwortverzeichnis

Schönwitz · Weber
Wirtschaftsordnung
Einführung in Theorie und Praxis
Von Dr. Dietrich Schönwitz und Dr. Hans-Jürgen Weber.

Außenwirtschaft

Dixit · Norman
Außenhandelstheorie
Von Avinash K. Dixit und Victor D. Norman. Übersetzt aus dem Englischen von Dr. Bernd Kosch.

Konjunktur

Assenmacher
Konjunkturtheorie
Von Dr. Walter Assenmacher, Akad. Oberrat.

Geldtheorie und -politik

Schaal
Monetäre Theorie und Politik
Lehrbuch der Geldtheorie und -politik
Von Professor Dr. Peter Schaal.

Inflation

Ströbele
Inflation – Einführung in Theorie und Politik
Von Dr. Wolfgang Ströbele, Professor der Wirtschaftswissenschaft.

Ökonometrie

Assenmacher
Einführung in die Ökonometrie
Von Dr. Walter Assenmacher, Akad. Oberrat.

Heil
Ökonometrie
Von Dr. Johann Heil.

Input-Output-Analyse

Holub · Schnabl
Input-Output-Rechnung: Input-Output-Tabellen
Von o. Professor Dr. Hans-Werner Holub und Professor Dr. Hermann Schnabl.

Städte- und Raumplanung

Bökemann
Theorie der Raumplanung
Regionalwissenschaftliche Grundlagen für die Stadt-, Regional- und Landesplanung
Von Professor Dr. Dieter Bökemann.

Sozialwissenschaft

Methoden

Roth
Sozialwissenschaftliche Methoden
Lehr- und Handbuch für Forschung und Praxis
Herausgegeben von Professor Dr. Erwin Roth unter Mitarbeit von Dr. Klaus Heidenreich.

Soziologie

Eberle · Maindok
Einführung in die soziologische Theorie
Von Dr. Friedrich Eberle und Dr. Herlinde Maindok.

Mikl-Horke
Organisierte Arbeit. Einführung in die Arbeitssoziologie
Von Professorin Dr. Gertrude Mikl-Horke.